KB037304

고등수학 하(下)

감동 그리고 … 정성

(주)감성교육 수학연구소 저

도서출판 오스틴북스

개념감각 개념서란?

대한민국 입시교육의 최첨단 대치동 한복판에서 그 누구보다 치열하게 공부하고 있는 학생들과 함께 수없이 많은 수학 책들을 공부하다 보면 여러 경험들을 하게 됩니다.
깊은 한숨을 쉬게 만드는 도통 정체를 알 수 없는 책을 만나게 될 때도 있고, 너무도 기발하고 좋은 문제들이 가득 실려있지만, 정작 대한민국 입시체계에서는 전혀 쓸모가 없기에 아쉬운 마음으로 덮어 버리는 책도 있습니다. 또한, 출간 된지 반백년이 훌쩍 넘었기에 현재의 입시체계와는 전혀 맞지 않는 문제 구성임에도 여전히 일부 독자들에게 선호되고 있는 골동품에 가까운 책들도 보게 됩니다.

수학교육의 핵심과 본질은 수학적 사고력의 신장에 있습니다. 수학적 사고력을 높이기 위해서는 집필위원의 눈높이가 아닌 학생들의 눈높이에 맞춘 친절한 해설과 쉬운 용어 설명이 있어야 할 것입니다. 그럼에도 가볍거나 캐쥬얼하지 않은 진중하면서도 감각적인 전문가의 감성이 반영되어야 할 것입니다. 더군다나 고교학점제를 대비하기 위해서는 기본 개념의 이해가 쉬워야 하며, 여러번 반복하여 본인의 지식으로 탄탄히 습득되어야 할 것입니다.

〈개념감각〉은 바로 그러한 기조에 맞춰서 제작되었습니다.

1. 학생의 눈높이에 맞는 친절한 해설
2. 수학의 본질에 맞는 집요한 정석풀이
3. 입시체계의 변화에 대응하는 응용풀이의 제공
4. 대치동 현장강의에서 사용되는 실전 노하우의 공개
5. 강남8학군 기출문제를 통한 실전감각 습득

또한, 단순 기본 개념문제라 할지라도 서술형으로 출제가 가능한 핵심 유형문제들은 최우선으로 배치하였고, 단순히 1회독만 하더라도, 자체적으로 복습이 가능하도록 정교한 나선형 문항배치가 되어 있습니다.

학생들의 마음에 〈감동을 그리고(draw) 정성〉을 다한다는 마음으로 본 개념서를 제작하였습니다.
전국의 모든 학생들이 수학에 좀 더 쉽고 재미있게 다가갈 수 있기를 진심으로 기도합니다.

– 감동 그리고 정성 집필진 일동 –

Special Thanks

강동균	감성수학 목동1호센터
채정하	감성수학 목동2호센터
이정환	감성수학 목동3호센터
이혜경	감성수학 서울대센터
김경미	감성수학 신림센터
이정인	감성수학 사당센터
이상학	감성수학 일산1호센터
정미꼬	감성수학 일산3호센터
장종민	감성수학 일산4호센터
여은정	감성수학 하남센터
정재호	감성수학 남동탄센터
나병철	감성수학 부천센터
김재웅	감성수학 송도1센터
심혜진	감성수학 용인센터
김성민	감성수학 천안1호센터
이동헌	감성수학 경산센터
송시영	감성수학 전주센터
장시맥	감성수학 마산센터
윤영찬	감성수학 여주센터

| 구성과 특징 |

01 개념정리

각 단원마다 중요한 개념을 정확히 이해하고 중요한 공식이 있다면 확인해 볼 수 있도록 정리하였습니다. 또한 주요한 예시를 통해 개념을 적용시켜볼 수 있도록 되어 있습니다.

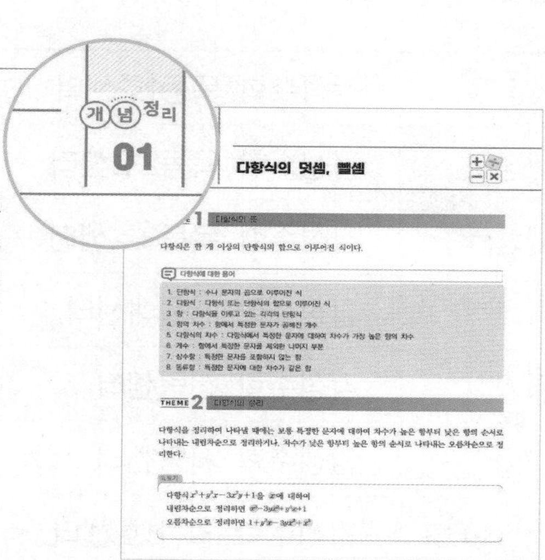

개념정리 01

다항식의 덧셈, 뺄셈

THEME 1 다항식의 뜻

다항식은 한 개 이상의 단항식의 합으로 이루어진 식이다.

다항식에 대한 용어

1. 단항식 : 수나 문자의 곱으로 이루어진 식
2. 다항식 : 다항식 또는 단항식의 합으로 이루어진 식
3. 항 : 다항식을 이루고 있는 각각의 단항식
4. 항의 차수 : 항에서 특정한 문자가 곱해진 개수
5. 다항식의 차수 : 다항식에서 특정한 문자에 대하여 차수가 가장 높은 항의 차수
6. 계수 : 항에서 특정한 문자를 제외한 나머지 부분
7. 상수항 : 특정한 문자를 포함하지 않는 항
8. 동류항 : 특정한 문자에 대한 차수가 같은 항

THEME 2 다항식의 정리

다항식을 정리하여 나타낼 때에는 보통 특정한 문자에 대하여 차수가 높은 항부터 낮은 항의 순서로 나타내는 내림차순으로 정리하거나, 차수가 낮은 항부터 높은 항의 순서로 나타내는 오름차순으로 정리한다.

예시

다항식 $x^3+y^3x-3x^2y+1$을 x에 대하여

내림차순으로 정리하면 $x^3-3yx^2+y^3x+1$

오름차순으로 정리하면 $1+y^3x-3yx^2+x^3$

02 필수예제

필수예제에서는 그 단원에서 반드시 알아야 할 문제를 수록하고 내신과 수능에 대비하도록 구성하였습니다. 또한 대치동만의 꿀팁을 정리함으로써 문제를 바라보는 시야가 만들어 질 수 있도록 하였습니다.

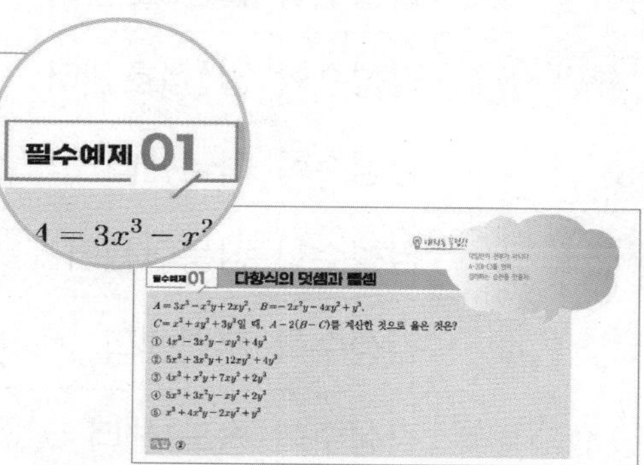

필수예제 01

필수예제 01 다항식의 덧셈과 뺄셈

$A=3x^3-x^2y+2xy^2$, $B=-2x^2y-4xy^2+y^3$,

$C=x^3+xy^2+3y^3$일 때, $A-2(B-C)$를 계산한 것으로 옳은 것은?

① $4x^3-3x^2y-xy^2+4y^3$

② $5x^3+3x^2y+12xy^2+4y^3$

③ $4x^3+x^2y+7xy^2+2y^3$

④ $5x^3+3x^2y-xy^2+2y^3$

⑤ $x^3+4x^2y-2xy^2+y^3$

정답 ②

03 QR코드

모든 단원의 개념정리와 필수예제는 대치동 최고의 강사진과 함께 공부할 수 있도록 동영상 강의를 무료 제공합니다.

개념정리 01

다항식의 덧셈, 뺄셈

THEME 1 다항식의 뜻

다항식은 한 개 이상의 단항식의 합으로 이루어진 식이다.

다항식에 대한 용어

04 유제

필수예제를 통해 개념을 적용시키는 방법을 공부했다면 유제를 통해 이를 연습하고 훈련해 볼 수 있도록 했습니다.
최대 5번까지 복습하여 자주 틀리는 유형을 스스로 확인할 수 있도록 구성 하였습니다.

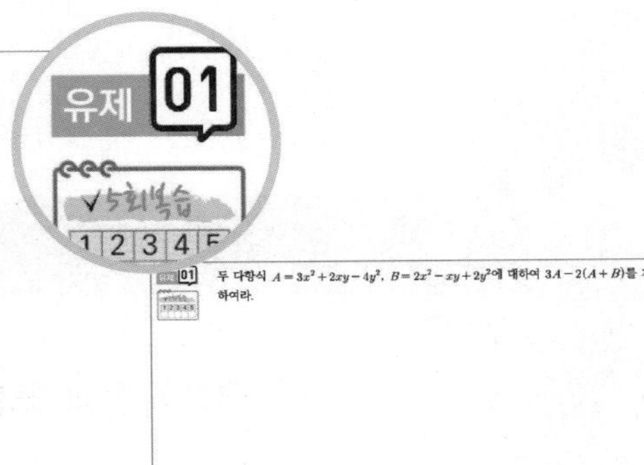

05 대치동 꿀팁

대치동 현장강의에서 많은 학생들이 질문하는 부분들을 콕 찝어내서, 속시원한 과외수업처럼 친절하게 설명하였습니다.

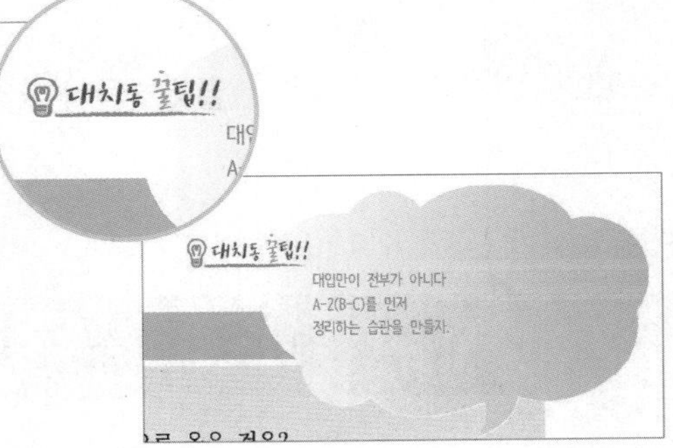

06 기출맛보기

최신 강남권 기출문제를 변형하여 최신 경향에 대해 파악하고 단원을 최종 마무리 할 수 있도록 구성하였습니다.

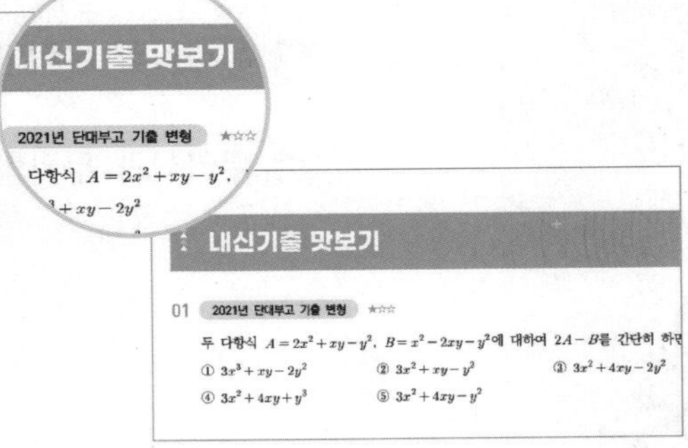

| 목차 |

V 집합과 명제

VI 함수

VII 순열과 조합

V

집합과 명제

17 집합의 뜻과 표현

개념정리 01

집합의 뜻

THEME 1 집합의 뜻과 원소

작은 자연수의 모임은 '작음'의 기준을 분명하게 제시하지 않아 모임에 속하는 수를 결정할 수 없다. 반면 5보다 작은 자연수의 모임은 1, 2, 3, 4로 이루어진 모임이다.
이와 같이 주어진 조건에 의하여 그 대상이 분명하게 결정되는 모임을 『집합』이라 하고, 집합을 이루는 대상 하나하나를 그 집합의 『**원소**』라고 한다.

보기

주어진 모임이 집합인지 판별해보자.

(1) 15의 약수의 모임
⇒ 원소가 1, 3, 5, 15 인 집합이다. (특별한 언급이 없는 한 일반적으로 '약수'는 양의 약수를 의미한다.)

(2) 10에 가까운 수의 모임
⇒ 원소를 정할 수가 없다. 대체 얼마나 가까운 수들을 모아놓으란 말인가.. 사람마다 '가까운'의 기준이 다르기 때문이다.

(3) 재미있는 놀이 기구의 모임
⇒ 원소를 정할 수가 없다. 이 세상에 재미있는 놀이기구는 없다. 모든 놀이기구는 위험하고 무섭다. 이 역시 '재미있는'의 기준이 다르기 때문이다.

(4) 우리 반 학생 중에서 3월에 태어난 학생의 모임
⇒ 우리 반에 생일이 3월인 학생들을 원소로 하는 집합이다.

a가 집합 A의 원소일 때, 'a는 집합 A에 속한다.'고 하며, 기호 $\boldsymbol{a \in A}$로 나타낸다.
또, b가 집합 B의 원소가 아닐 때, 'b는 집합 B에 속하지 않는다.'고 하며, 기호 $\boldsymbol{b \notin B}$ 로 나타낸다.

cf) ∈는 영어 단어 Element (원소)의 첫 글자를 기호화한 것이다.

$$E \rightarrow \epsilon \rightarrow \in$$

집합을 문자로 나타낼 때에는 흔히 대문자 A, B, C, ⋯, Y, Z 를 쓰고, 집합의 원소를 문자로 나타낼 때에는 흔히 소문자 a, b, c, ⋯, y, z 를 쓴다.

보기

10보다 작은 짝수의 집합을 A라고 하면 $2 \in A$이고 $3 \notin A$이다.

THEME 2 집합을 나타내는 방법

집합을 나타내는 방법에는 그 집합에 속하는 원소를 { }안에 모두 써서 나타내는 방법이 있다.
예를 들어 원소가 1, 2, 3, 6인 집합은{1, 2, 3, 6}과 같이 나타낸다.
이와 같은 방법으로 집합을 나타낼 때, 원소의 나열 순서는 바꾸어도 되지만 같은 원소는 중복하여 쓰지 않는다.
또 집합의 원소가 많고 원소 사이에 일정한 규칙이 있을 때에는 그 원소 중에서 일부를 생략하고, '…'을 사용하여 나타낸다. 이처럼 집합에 속하는 모든 원소를 { } 안에 나열하여 집합을 나타내는 방법을 『원소나열법』이라고 한다.

보기

100 이하의 자연수의 집합은 $\{1,\ 2,\ 3,\ \cdots,\ 100\}$과 같이 나타낼 수 있다.
집합 $\{1,\ 2,\ 3\}$을 $\{3,\ 2,\ 1\}$과 같이 나타내어도 되지만 $\{1,\ 1,\ 2,\ 3\}$과 같이 나타내지는 않는다.

집합을 나타내는 또 다른 방법으로 그 집합의 원소들이 가지는 공통된 성질을 제시하여 나타내는 방법이 있다.
예를 들어 집합 $\{1,\ 2,\ 3,\ 6\}$을 각 원소들이 가지는 공통된 성질을 제시하여 $\{x \mid x$는 6의 약수$\}$와 같이 나타낼 수 있다. 이처럼 집합에 속하는 모든 원소들이 가지는 공통된 성질을 제시하여 집합을 나타내는 방법을 『조건제시법』이라고 한다.

보기

집합 $\{1,\ 3,\ 5,\ 7\}$은 $\{x \mid x$는 7 이하의 홀수$\}$ 또는 $\{x \mid x$는 8보다 작은 홀수$\}$ 등으로 나타낼 수 있다.

마지막으로 집합을 나타낼 때에는 그림을 이용하기도 한다. 예를 들어 집합 $A=\{1,\ 2,\ 3,\ 6\}$을 오른쪽 그림과 같이 나타낼 수 있다.
이와 같이 집합을 나타내는 그림을 『벤 다이어그램』이라고 한다.

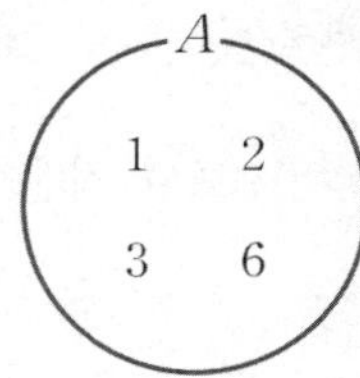

집합을 나타내는 방법

(1) 원소나열법 - 원소가 적은 경우(원소가 1~5개 정도) 일반적으로 원소 나열법으로 집합을 표현한다.
ex) $A=\{1,2\},\ B=\{a,b,c,d\}$

(2) 조건제시법 - 원소가 많거나 연속적인 것들(하나 하나 쓸수 없는)을 원소로 갖는 집합을 표현할 때 주로 사용한다.
ex) $A=\{x|6$의 양의 약수 $\}$, $B=\{x|1<x<5,\ x$는 실수 $\}$

cf) 조건제시법의 경우 어려운 문제에서 특이한 조건을 출제자가 큰 오류없이 표현하기 위해 자주 사용하는 방법이므로 정확히 알아야 하겠다.

(3) 벤다이어그램 - 일반적으로 문제를 풀 때 학생들이 많이 사용하는 방법이다. 주머니를 그려놓고 그 안에 원소를 직접 써넣는 방식으로 글로 표현된 것 보다 그림으로 되어 있어 쉽게 이해가 가능하다.

02 부분집합

THEME 1 집합의 원소의 개수

집합의 원소의 개수를 기준으로 집합을 나눌 수 있다. 이를테면
$A=\{x|x \leq 10,\ x$ 는 자연수 $\}$, 곧 $A=\{1, 2, 3, \cdots, 9, 10\}$
과 같이 유한개의 원소만을 갖는 집합을 유한집합이라 하고,
$B=\{x|x \geq 10, x$ 는 자연수 $\}$, 곧, $B=\{10, 11, 12, 13, \cdots\}$
과 같이 무수히 많은 원소를 갖는 집합을 무한집합이라고 한다. 또,
$C=\{x|x<1,\ x$ 는 자연수 $\}$
와 같이 원소가 하나도 없는 것도 편의상 집합으로 보아 그것을 『공집합』이라 하고, $\varnothing$로 나타낸다.
이때, 공집합은 유한집합이다.
한편 집합 S가 유한집합일 때, 집합 S의 원소의 개수를 $n(S)$로 나타낸다. 곧, 위의 예에서
$n(A)=10$, $n(C)=0$이다.

THEME 2 부분집합과 포함관계

두 집합 $A=\{1, 2, 3\}$, $B=\{1, 2, 3, 4, 5\}$에 대하여 집합 A의 모든 원소는 집합 B에 속한다. 이와 같이 집합 A의 모든 원소가 집합 B에 속할 때, 집합 A를 집합 B의 **부분집합**이라 하고, 기호 $\boldsymbol{A \subset B}$로 나타낸다. 공집합은 모든 집합의 부분집합인 것으로 정한다. 또, 집합 A가 집합 B의 부분집합이 아닐 때에는 기호 $\boldsymbol{A \not\subset B}$로 나타낸다.

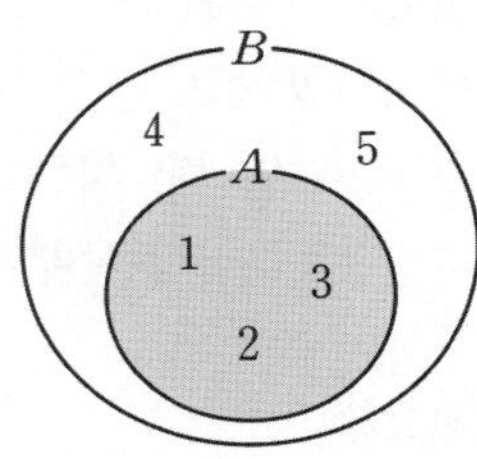

보기

(1) 집합 $\{3, 6, 9\}$는 집합 $\{3, 6, 9, 12\}$의 부분집합이다.
즉, $\{3, 6, 9\} \subset \{3, 6, 9, 12\}$
(2) 집합 $\{1, 2, 3\}$은 집합 $\{1, 3, 5, 7\}$의 부분집합이 아니다.
즉, $\{1, 2, 3\} \not\subset \{1, 3, 5, 7\}$

또한 원소의 개수가 n인 집합의 부분집합의 개수는 2^n이다. 이는 "경우의 수"개념을 이용하면 쉽게 만들어 낼 수 있는 공식이다.

보기

집합 $A=\{a,\ b\}$의 부분집합을 모두 구하여라.

집합 A의 원소가 2개이므로 A의 부분집합은 원소가 없는 것, 원소가 1개인 것, 원소가 2개인 것이 있다.
원소가 없는 부분집합 → $\varnothing$
원소가 1개인 부분집합 → $\{a\}$, $\{b\}$
원소가 2개인 부분집합 → $\{a, b\}$
따라서 집합 A의 부분집합은 $\varnothing$, $\{a\}$, $\{b\}$, $\{a,b\}$ ⇒ $2^2=4$(개)

THEME 3 집합의 상등

두 집합 $A=\{1,\ 3,\ 9\}$, $B=\{x|x$는 9의 약수$\}$에 대하여 $A\subset B$이고 $B\subset A$가 성립한다.
이와 같이 두 집합 A, B에 대하여 $A\subset B$이고 $B\subset A$ 일 때, 두 집합 A, B가 서로 같다고 말하고, 기호 $\boldsymbol{A=B}$ 로 나타낸다.
또, 두 집합 A, B가 서로 같지 않을 때에는 기호 $\boldsymbol{A\neq B}$ 로 나타낸다.
한편, 두 집합 $A=\{1,\ 3,\ 9\}$, $B=\{1,\ 3,\ 5,\ 9\}$ 와 같이 집합 A가 집합 B의 부분집합이고 집합 A와 집합 B가 서로 같지 않을 때, 즉 $A\subset B$이고 $A\neq B$ 일 때, 집합 A를 집합 B의 『**진부분집합**』이라고 한다.
즉, 진부분집합은 부분집합에서 자기 자신을 제외한다고 보면 된다.

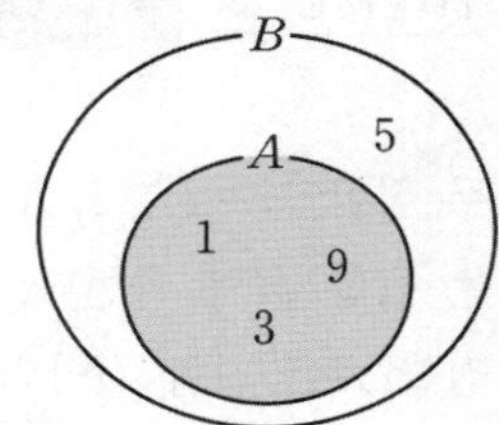

보기

다음과 같은 세 집합 A, B, C 의 포함관계를 조사하여라.

$A=\{2, 3, 5, 7\}$, $B=\{x|1\leq x\leq 10,\ x$ 는 정수 $\}$,
$C=\{x|1\leq x\leq 10,\ x$ 는 소수 $\}$
$A=\{2, 3, 5, 7\}$, $B=\{1, 2, 3, 4, 5, 6, 7, 8, 9, 10\}$, $C=\{2, 3, 5, 7\}$
이므로 $A\subset B$, $C\subset B$, $A=C$ 곧, $A=C\subset B$

보기

집합 $A=\{a,\ b\}$의 부분집합의 개수를 구하여라.

집합 A의 원소의 개수가 2이므로 전체부분집합의 개수가 $2^2=4$이다.
이때 진부분집합의 개수는 자기자신을 제외하여 $4-1=3$(개)이다.

cf) 집합 $A=\{a_1, a_2, a_3, \cdots, a_n\}$에 대하여

(1) 집합 A의 부분집합의 개수 $\Rightarrow 2^n$

(2) 집합 A의 진부분집합의 개수 $\Rightarrow 2^n-1$

(3) 집합 A의 부분집합 중 $k(k<n)$개의 특정한 원소를 포함하는 (또는 포함하지 않는) 부분집합의 개수 $\Rightarrow 2^{n-k}$

정답 및 해설 4p

필수예제 01 집합의 뜻과 표현방법

다음 중 집합이 <u>아닌</u> 것은?

① 5보다 작은 짝수의 모임
② 12의 약수의 모임
③ 예쁜 가수의 모임
④ 7 이하의 자연수의 모임
⑤ 우리나라 광역시의 모임

오른쪽 벤 다이어그램의 집합 A를 조건제시법으로 바르게 나타낸 것은?

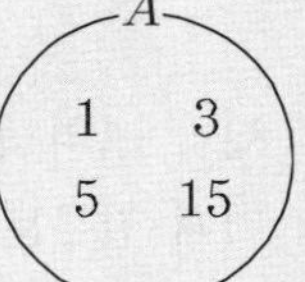

① $A=\{x|x$는 5의 약수$\}$
② $A=\{x|x$는 10의 약수$\}$
③ $A=\{x|x$는 15의 약수$\}$
④ $A=\{x|x$는 15 이하의 3의 배수$\}$
⑤ $A=\{x|x$는 15 이하의 5의 배수$\}$

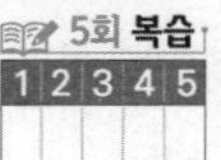

대치동 꿀팁: 대상이 분명하게 결정되는 모임을 집합이라 한다. 예쁜 사람은 많지만 '예쁘다'는 사람마다 기준이 불명확해서 집합으로는 나타낼 수 없다. 또한 특별한 언급이 없는 경우 약수와 배수는 자연수만을 다룬다.

유제 01 다음 보기 중 집합인 것은 모두 몇 개인가?

5회 복습 | 1 | 2 | 3 | 4 | 5

(ㄱ) 태양계 행성들의 모임
(ㄴ) 우리 반에서 혈액형이 O형인 학생들의 모임
(ㄷ) 우리나라의 높은 산들의 모임
(ㄹ) 30보다 작은 4의 배수의 모임
(ㅁ) 수영을 잘하는 학생들의 모임

① 1개 ② 2개 ③ 3개 ④ 4개 ⑤ 5개

유제 02 다음 중 10보다 작은 3의 배수의 집합을 원소나열법으로 바르게 나타낸 것은?

5회 복습 | 1 | 2 | 3 | 4 | 5

① $\{1, 3, 6\}$ ② $\{2, 3, 6\}$ ③ $\{3, 6, 9\}$
④ $\{1, 2, 3, 6\}$ ⑤ $\{3, 6, 9, 12\}$

유제 03 두 집합 $A=\{1, 3, 7, 10\}$, $B=\{x\,|\,x=m^2+3n^2,\ m,\ n$은 정수$\}$에서 집합 A의 원소 중 집합 B의 원소가 될 수 <u>없는</u> 수를 구하시오.

5회 복습 | 1 | 2 | 3 | 4 | 5

필수예제 02 기호의 사용

$A=\{1,\ \{2,\ 3\},\ 4\}$일 때, 다음 중 옳지 않은 것을 모두 고르면?

① $\{2,\ 3\}\subset A$

② $4\in A$

③ $\varnothing \subset A$

④ $\{2,\ 3\}\in A$

⑤ $\{2,\ 3,\ 4\}\subset A$

집합 $A=\{-1,\ 0,\ 2\}$일 때, 집합 $X=\{a+b\,|\,a\in A,\ b\in A\}$의 원소의 개수를 구하여라.

대치동 꿀팁 집합안에 집합을 원소로 구성해 놓은 문제들을 해결할 때 주의해야 한다. $\{2, 3\}$은 원소 2, 3으로 구성된 집합이지만 이 문제에서 2, 3을 각각 생각해선 안되고 $\{2, 3\}$를 하나의 원소로 생각해야 함을 조심하자. 또한 $a+b$에서 $a=b$인 경우도 가능하기 때문에 새롭게 집합의 원소를 만드는 과정에서 주의해야 하겠다.

유제 04 (5회 복습 1 2 3 4 5)

$A=\{1,\ 2,\ \{3\}\}$에 대하여 다음 〈보기〉 중에서 옳은 것을 모두 골라라.

〈보기〉

ㄱ $3\not\in A$

ㄴ $\{3\}\in A$

ㄷ $\{3\}\subset A$

ㄹ $\varnothing\not\subset A$

ㅁ $\{1,\ 2,\ \{3\}\}\subset A$

유제 05 (5회 복습 1 2 3 4 5)

집합 $A=\{\varnothing,\ 1,\ \{1,\ 2\},\ 3\}$에 대하여 다음 중 옳지 않은 것은?

① $\varnothing \subset A$　② $1\in A$　③ $\{1,\ 2\}\in A$

④ $\{1,\ 3\}\subset A$　⑤ $\{2\}\in A$

유제 06 (5회 복습 1 2 3 4 5)

두 집합 $A=\{1,\ 2,\ 3\}$, $B=\{3,\ 4\}$에 대하여 집합 $C=\{x+y\ |\ x\in A$이고 $y\in B\}$일 때, 집합 C의 원소의 합을 구하시오.

필수예제 03 집합 사이의 포함관계

집합 $A=\{0,\ 1,\ 2\}$에 대하여 집합 B, C가 다음 조건을 만족할 때, 세 집합 A, B, C의 포함 관계를 나타내어라.

$B=\{x+y\mid x\in A,\ y\in A\}$,
$C=\{xy\mid x\in A,\ y\in A\}$

두 집합 A, B에 대하여
$A=\{x\mid x$는 10의 약수$\}$,
$B=\{1,\ 5,\ x-2,\ x+6\}$
이고 $A\subset B$, $B\subset A$일 때, x의 값을 구하여라.

대치동 꿀팁 $A\subset B$이면서 $A\supset B$인 두 집합은 $A=B$ 임을 알고 있어야 한다. 반대로 $A=B$이면 $A\subset B$이면서 $A\supset B$이다.

유제 07

5회 복습 1 2 3 4 5

세 집합 $A=\{x\mid x$는 4의 배수$\}$, $B=\{x\mid x$는 6의 배수$\}$, $C=\{x\mid x$는 12의 배수$\}$에 대하여 다음 중 A, B, C 사이의 포함 관계로 옳은 것은?

① $A\subset B$ ② $A\subset C$ ③ $B\subset C$
④ $B\subset A$ ⑤ $C\subset B$

유제 08

집합 $A=\{3,\ 4,\ a+1\}$, $B=\{b-2,\ 4,\ 7\}$에 대하여 $A\subset B$, $B\subset A$일 때, $a+b$의 값을 구하여라.

유제 09

두 집합 X, Y에 대하여 $X=\{2,\ a\}$, $Y=\{1-a,\ a^2+a,\ 1\}$에 대하여 $X\subset Y$가 성립한다. 상수 a의 값을 구하시오.

필수예제 04 부분집합의 개수

집합 $A=\{x \mid x$는 7 이하의 자연수 $\}$의 부분집합 중에서 소수를 원소로 갖는 부분집합의 개수를 구하시오.

두 집합 $A=\{1,\ 3,\ 5\}$, $B=\{x \mid x$는 8 이하의 자연수 $\}$에 대하여 $A \subset X \subset B$를 만족하는 집합 X의 개수를 구하시오.

대치동 꿀팁 '소수를 원소로 갖는 부분집합'이라는 말은 '소수만을 원소로 갖는 부분집합'을 의미하는 것은 아니다. '원소 중 소수를 적어도 하나 포함한다'는 말과 같다. 즉 그 부분집합의 원소 중 소수는 반드시 하나 이상 있고 나머지 원소들은 소수가 아닐 수도 있다는 의미이다. 또한 부분집합의 원소의 개수를 구하는 공식을 공식처럼 기억하지 않도록 하자. 정확히 왜! 2의 거듭제곱 형태인지를 이해하고 반드시 포함해야 하는 원소, 포함하면 안 되는 원소가 무엇인지를 판단하고 2의 거듭제곱 계산을 진행해야 기억에 오래 남고 계속 좋은 흐름을 유지할 수 있을 것이다.

유제 10 (5회 복습 1 2 3 4 5)

8 이하의 자연수의 집합에서 1, 2를 포함하고 8은 포함하지 않는 부분집합의 개수를 구하여라.

유제 11 (5회 복습 1 2 3 4 5)

두 집합 A, B에 대하여 $A=\{x \mid x$는 6 이하의 짝수 $\}$, $B=\{x \mid x$는 9 이하의 자연수 $\}$일 때, $A \subset X \subset B$를 만족하는 집합 X의 개수는?

① 4개 ② 8개 ③ 16개 ④ 32개 ⑤ 64개

유제 12 (5회 복습 1 2 3 4 5)

10보다 작은 소수를 원소로 갖는 집합 A의 부분집합 중 원소 2 또는 3을 포함하는 부분집합의 개수는?

필수예제 05 특수한 부분집합의 개수

집합 $A=\{1,\ 2,\ 3,\ 4,\ 5,\ 6,\ 7\}$의 부분집합 중에서 적어도 하나의 홀수를 원소로 갖는 부분집합의 개수를 구하시오.

자연수를 원소로 갖는 집합 S가 다음 조건을 만족시킨다. '$x\in S$이면 $\dfrac{16}{x}\in S$이다.'
집합 S의 개수를 구하시오. (단, $S\neq\varnothing$)

대치동 꿀팁 '적어도'의 개념이 나오면 여사건을 의심해 보자. '적어도 하나의 홀수를 갖는 부분집합'을 정사건으로 풀게 되면 홀수가 1 개 있는 경우, 홀수가 2개 있는 경우, 홀수가 3개 있는 경우, 홀수가 4개 있는 경우로 case를 나눠 계산해야 하지만 여사건을 이용하면 전체 부분집합에서 홀수가 없는 경우를 빼주면 간단하게 답을 낼 수 있을 것이다.

유제 13 집합 $A=\{x\mid x$는 8 이하의 자연수$\}$의 부분집합 중에서 적어도 하나의 소수를 원소로 갖는 부분집합의 개수를 구하시오.

유제 14 자연수를 원소로 갖는 집합 S가 다음 조건을 만족시킨다. '$x\in S$이면 $10-x\in S$이다.'
집합 S의 개수를 구하시오.

유제 15 집합 $A=\{x|x$는 6 이하의 자연수$\}$에 대하여 $n(P)=2$인 A의 부분집합 P의 개수를 구하시오.

내신기출 맛보기

정답 및 해설 7p

01 2021년 중대부고 기출 변형 ★☆☆

다음 집합 $A=\{0,\ 3,\ \{0,3\}\}$에 대하여 다음 중에서 옳은 것은?

① $\varnothing \in A$　② $\{0\} \in A$　③ $\{3\} \in A$

④ $\{0,\ 3\} \in A$　⑤ $\{0,\ \{3\}\} \subset A$

02 2020년 개포고 기출 변형 ★☆☆

$X=\{\varnothing,\ \{\varnothing\},\ 3,\ 4,\ \{3,\ 5\}\}$에 대하여 옳지 않은 것을 모두 고르면? (정답 2개)

① $\varnothing \in X$　② $\{5\} \in X$　③ $\{\varnothing,\ 3,\ 5\} \subset X$

④ $\{3,\ 5\} \in X$　⑤ $\{4,\ \{3,\ 5\}\} \subset X$

03 2021년 휘문고 기출 변형 ★☆☆

두 집합 $A=\{2,\ a+3,\ -b+1\}$, $B=\{-1,\ 5,\ a\}$에 대하여 $A=B$일 때, 두 실수 a, b의 곱 ab의 값은?

① 4　② 6　③ 8

④ -4　⑤ -6

04 2021년 휘문고 기출 변형 ★☆☆

집합 $A=\{1,\ 3,\ 5,\ 7,\ 9,\ 11\}$의 부분집합 중에서 원소의 최솟값이 5인 부분집합의 개수를 구하시오.

05 2021년 양재고 기출 변형 ★★☆

두 집합 $A=\{a+1,\ -3\}$, $B=\{2,\ 7,\ a^2-4a\}$에 대하여 $A \subset B$가 성립하도록 하는 실수 a의 값은?

① -2　② -1　③ 0
④ 1　⑤ 2

06 2021년 세종고 기출 변형 ★★☆

전체집합 $U=\{2,\ 4,\ 6,\ 8,\ 10\}$의 부분집합 $A=\{4,\ 6\}$에 대하여 $A \subset X \subset U$를 만족시키는 집합 X의 개수는?

① 2　② 4　③ 8
④ 16　⑤ 32

07 2021년 상문고 기출 변형 ★★☆

집합 $A=\{1,\ 2,\ 3,\ 4,\ 5,\ 6\}$의 부분집합 중에서 집합 $\{3,\ 6\}$와 서로소인 집합의 개수를 구하시오.

08 2021년 중대부고 기출 변형 ★★★

다음 〈조건〉을 만족시키는 집합 A의 개수로 옳은 것은?

〈조건〉

(가) 집합 A의 원소는 모두 자연수이다.

(나) $x \in A$이면 $\dfrac{16}{x} \in A$이다.

(다) $n(A)=3$이다.

① 2　② 3　③ 4
④ 5　⑤ 6

MEMO

V 집합과 명제

집합의 연산

1 집합의 연산

THEME1. 합집합과 교집합
THEME2. 포함 배제의 원리 (합집합과 교집합의 원소의 개수 사이의 관계)
THEME3. 여집합
THEME4. 차집합
THEME5. 차집합과 여집합의 성질

2 집합의 연산법칙

THEME1. 교환법칙
THEME2. 결합법칙
THEME3. 분배법칙
THEME4. 드 모르간의 법칙
THEME5. 대칭차집합
THEME6. 집합의 연산법칙 총정리
THEME7. 집합의 세계와 수의 세계의 비교

01 집합의 연산

THEME 1 합집합과 교집합

두 집합 A, B에 대하여 집합 A에 속하거나 집합 B에 속하는 모든 원소로 이루어진 집합을 A와 B의 **합집합**이라 하고, 기호 $\boldsymbol{A \cup B}$ 로 나타낸다.

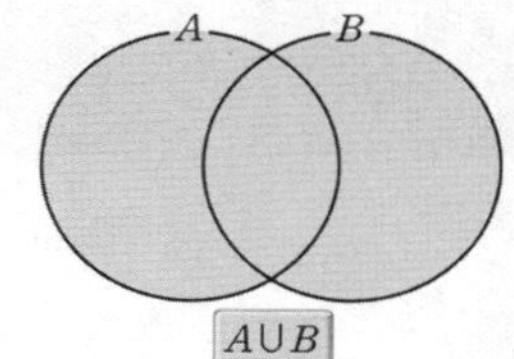

일반적으로 합집합 $A \cup B$는
$A \cup B = \{x \mid x \in A$ 또는 $x \in B\}$와 같이 정의한다.

한편, 두 집합 A, B에 대하여 집합 A에도 속하고 집합 B에도 속하는 모든 원소로 이루어진 집합을 A와 B의 **교집합**이라 하고, 기호 $\boldsymbol{A \cap B}$ 로 나타낸다.

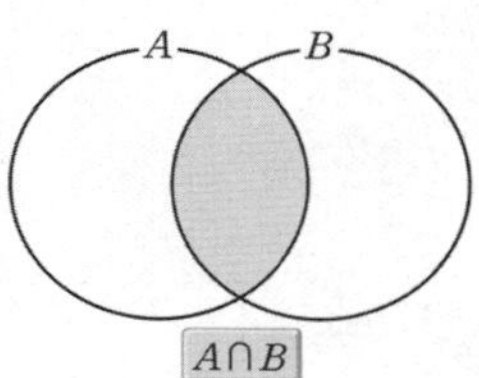

일반적으로 교집합 $A \cap B$는 $A \cap B = \{x \mid x \in A$ 그리고 $x \in B\}$와 같이 정의한다.

보기

두 집합 $A = \{2,\ 4,\ 6\}$, $B = \{1,\ 2,\ 3,\ 6\}$에 대하여 $A \cup B = \{1,\ 2,\ 3,\ 4,\ 6\}$, $A \cap B = \{2,\ 6\}$

* 합집합과 교집합의 결과로 포함관계를 알 수 있다.
$A \cap B = A \Leftrightarrow A \subset B$
$A \cup B = A \Leftrightarrow B \subset A$

합집합 또는 교집합의 연산 결과로 두 집합 중 하나가 나오면 두 집합은 포함 관계가 있다. 또한 교집합을 하면 작은 집합이, 합집합을 하면 큰 집합이 나온다는 생각을 통해 포함 관계를 생각해주자.

두 집합 $A=\{1,\ 2\}$, $B=\{3,\ 4\}$에 대하여 $A\cap B=\varnothing$이 성립한다. 이와 같이 두 집합 A, B에 대하여 $A\cap B=\varnothing$ 일 때, 두 집합 A와 B는 『**서로소**』라고 한다. $A\cap\varnothing=\varnothing$이므로 $\varnothing$은 모든 집합과 서로소이다.

cf) 서로소라는 개념은 숫자의 세계에서 이미 경험해 봤을 것이다. 자연수에서는 최대공약수가 1인 두 수를 서로소라고 한다.
또한 서로소라는 개념은 하나의 집합으로는 적용할 수 있는 개념이 아니다. 반드시 두 집합의 관계를 말할 때 서로소라는 개념을 적용할 수 있다.

포함관계에 관련해 문제에 자주 등장하는 배수집합에 대하여도 정리해 두도록 하자.

> * 자연수 k, m, n의 양의 배수의 집합을 각각 A_k, A_m, A_n이라 할 때,
> (1) $A_m\cap A_n=A_k \Leftrightarrow k$는 m, n의 최소공배수
> (2) $A_m\cup A_n=A_m \Leftrightarrow A_n\subset A_m \Leftrightarrow n$이 m의 배수

cf) 약수집합도 포함관계를 갖고는 있지만 공식화 해서 외울 필요는 없다. 약수집합은 유한개의 원소를 갖기 때문에 직접 구해서 포함관계를 확인해 볼 수 있다.

THEME 2 포함 배제의 원리(합집합과 교집합의 원소의 개수 사이의 관계)

합집합과 교집합의 원소의 개수에 대하여 알아보자.
두 집합 $A=\{1,\ 2,\ 3,\ 4,\ 5\}$, $B=\{4,\ 5,\ 6,\ 7\}$에 대하여 $A\cup B=\{1,\ 2,\ 3,\ 4,\ 5,\ 6,\ 7\}$, $A\cap B=\{4,\ 5\}$이다. 이때, $n(A)=5, n(B)=4, n(A\cup B)=7, n(A\cap B)=2$이므로 $n(A\cup B)=n(A)+n(B)-n(A\cap B)$ 가 성립함을 알 수 있다.
일반적으로 합집합과 교집합의 원소의 개수에 대하여 다음이 성립한다.

> 원소가 유한개인 두 집합 A, B에 대하여
> $$n(A\cup B)=n(A)+n(B)-n(A\cap B)$$
> 원소가 유한개인 세 집합 A, B, C에 대하여
> $$n(A\cup B\cup C)=n(A)+n(B)+n(C)\\ -n(A\cap B)-n(B\cap C)-n(C\cap A)+n(A\cap B\cap C)$$

합집합의 원소의 개수 = 한 개짜리 다 더해! 두 개짜리 다 빼! 세 개짜리 다 더해! 네 개짜리 다 빼! …

보기

기태네 반 학생 중 A 영화를 관람한 학생은 19명, B 영화를 관람한 학생은 21명이다. A 영화와 B 영화를 모두 관람한 학생이 13명일 때, A 또는 B 영화를 관람한 학생은 몇 명인지 구하여라.

기태네 반 학생 중 A, B 영화를 관람한 학생의 집합을 각각 A, B라고 하면 A 또는 B영화를 관람한 학생의 집합은 $A\cup B$이다.

$n(A)=19,\ n(B)=21,\ n(A\cap B)=13$이므로

$n(A\cup B)=n(A)+n(B)-n(A\cap B)=19+21-13=27$

따라서 A 또는 B 영화를 관람한 학생은 27명이다.

THEME 3 여집합

주어진 집합에 대하여 그것의 부분집합만을 생각할 때 처음에 주어진 집합을 **전체집합**이라 하고, 기호 $\boldsymbol{U}$로 나타낸다. 또, 전체집합 U의 부분집합 A에 대하여 U의 원소 중에서 A에 속하지 않는 모든 원소로 이루어진 집합을 U에 대한 A의 **여집합**이라 하고, 기호 $\boldsymbol{A^C}$로 나타낸다.

일반적으로 A의 여집합 A^C는 $A^C=\{x\mid x\in U \text{ 그리고 } x\notin A\}$와 같이 정의한다.

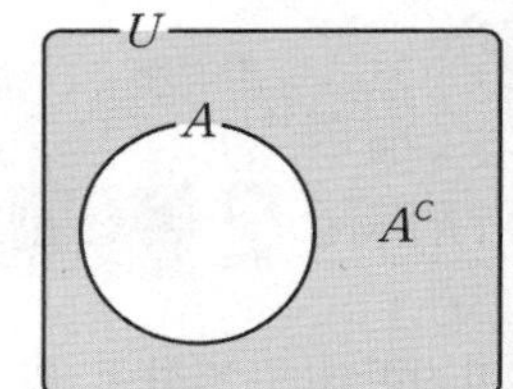

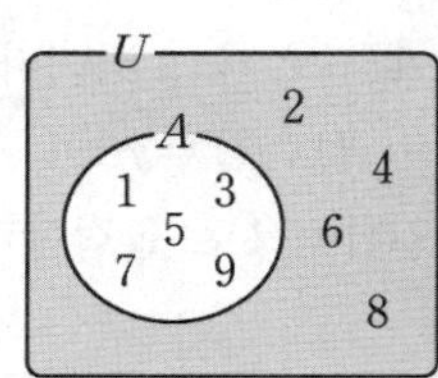

보기

전체집합 $U=\{1,\ 2,\ 3,\ 4,\ 5,\ 6,\ 7,\ 8,\ 9\}$의 부분집합

$A=\{1,\ 3,\ 5,\ 7,\ 9\}$에 대하여 U에 대한 A의 여집합은 $A^C=\{2,\ 4,\ 6,\ 8\}$

THEME 4 차집합

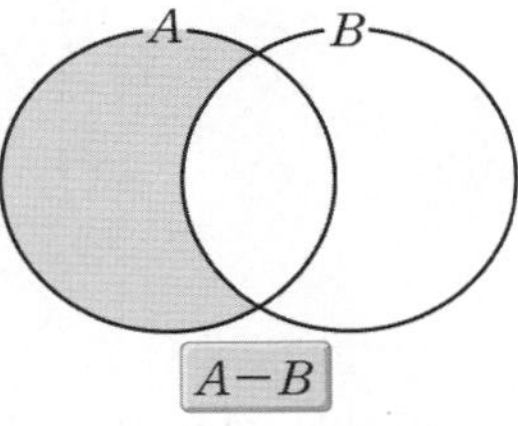

두 집합 A, B에 대하여 A에는 속하지만 B에는 속하지 않는 모든 원소로 이루어진 집합을 A에 대한 B의 **차집합**이라 하고, 기호 $\boldsymbol{A-B}$ 로 나타낸다.

일반적으로 차집합 $A-B$는

$A-B=\{x \mid x\in A$ 그리고 $x\notin B\}$와 같이 정의한다.

또한 $A-B=\varnothing$일 때, 집합 A와 집합 B는 포함관계가 있고 $A\subset B$이다.

보기

두 집합 $A=\{2,\ 4,\ 6,\ 8,\ 10\}$, $B=\{1,\ 2,\ 4,\ 8\}$에 대하여 $A-B=\{6,\ 10\}$, $B-A=\{1\}$

THEME 5 차집합과 여집합의 성질

전체집합 $U=\{1,\ 2,\ 3,\ 4,\ 5,\ 6\}$의 두 부분집합 $A=\{2,\ 4,\ 6\}$, $B=\{3,\ 4,\ 6\}$에 대하여 $A-B$와 $A\cap B^C$을 구하면 다음과 같다. $A-B=\{2\}=A\cap B^C$ 또 $(A^C)^C$과 A를 구하면 다음과 같다.

$$(A^C)^C=\{1,\ 3,\ 5\}^C=\{2,\ 4,\ 6\}=A$$

전체집합 U의 두 부분집합 A, B에 대하여 다음 등식이 성립함을 벤 다이어그램을 이용하여 보이자.

(1) $A-B=A\cap B^C$

$A-B$를 벤 다이어그램으로 나타내면 오른쪽과 같다.

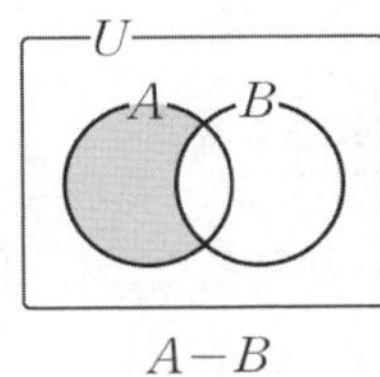

$A-B$

또 $A\cap B^C$을 벤 다이어그램으로 나타내면 다음과 같다.

A $\cap$ B^c $=$ $A\cap B^c$

따라서 $A-B=A\cap B^C$이 성립한다.

(2) $(A^C)^C=A$

$(A^C)^C$을 벤 다이어그램으로 나타내면 다음과 같다.

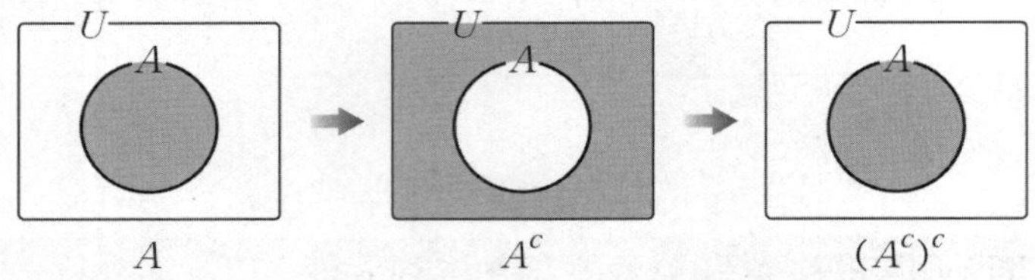

A A^c $(A^c)^c$

따라서 $(A^C)^C=A$가 성립한다. 일반적으로 차집합과 여집합에 대하여 다음과 같은 성질이 성립한다.

차집합과 여집합의 성질

전체집합 U의 두 부분집합 A, B에 대하여

(1) $A-B=A\cap B^C$

(2) $(A^C)^C=A$

(3) $A\cup A^C=U$, $A\cap A^C=\varnothing$

(4) $U^C=\varnothing$, $\varnothing^C=U$

차집합과 여집합의 원소의 개수

전체집합 U의 두 부분집합 A, B에 대하여

(1) $n(A^C)=n(U)-n(A)$

(2) $n((A\cup B)^C)=n(U)-n(A\cup B)$

(3) $n(A-B)=n(A)-n(A\cap B)=n(A\cup B)-n(B)$

만약 $B\subset A$이면 $A\cap B=B$이므로 $n(A-B)=n(A)-n(B)$

02 집합의 연산법칙

THEME 1 교환법칙

A, B, C가 다항식일 때,

교환법칙 $A+B=B+A$, $AB=BA$
결합법칙 $(A+B)+C=A+(B+C)$ $(AB)C=A(BC)$
분배법칙 $A(B+C)=AB+AC$, $(B+C)A=BA+CA$

가 성립한다. 또한 A, B, C가 실수일 때에도 이 연산법칙은 성립한다. 이제 집합에서는 어떠한 연산법칙이 성립하는지 알아보자.

두 집합 $A=\{1,\ 2,\ 3\}$, $B=\{2,\ 3,\ 4,\ 5\}$에 대하여
$A\cup B=\{1,\ 2,\ 3\}\cup\{2,\ 3,\ 4,\ 5\}=\{1,\ 2,\ 3,\ 4,\ 5\}$이고,
$B\cup A=\{2,\ 3,\ 4,\ 5\}\cup\{1,\ 2,\ 3\}=\{2,\ 3,\ 4,\ 5,\ 1\}$이므로
$A\cup B=B\cup A$가 성립함을 알 수 있다.

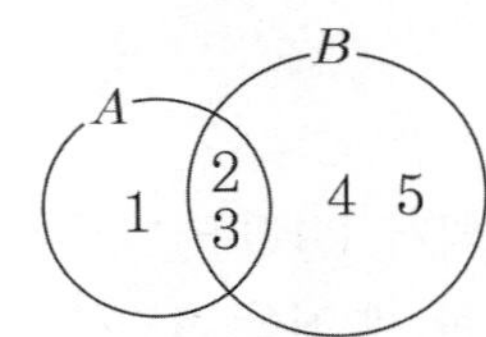

같은 방법으로 생각하면 $A\cap B=B\cap A$가 성립함을 알 수 있다.
일반적으로 두 집합 A, B에 대하여 오른쪽 그림과 같이 벤 다이어그램으로 나타내면 $A\cup B=B\cup A$, $A\cap B=B\cap A$가 성립함을 확인할 수 있다.
이것을 각각 합집합, 교집합에 대한 교환법칙이라고 한다.

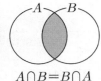

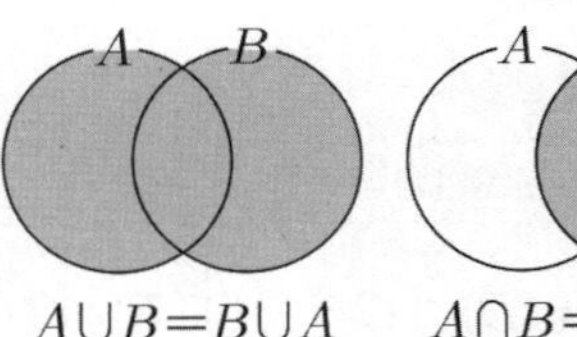

일반적으로 두 집합 A, B에 대하여
$A\cup B=B\cup A$, $A\cap B=B\cap A$가 성립한다. 이것을 집합의 『교환법칙』이라고 한다.

집합의 교환법칙

(1) $A\cup B=B\cup A$ [합집합에 대한 교환법칙]
(2) $A\cap B=B\cap A$ [교집합에 대한 교환법칙]

THEME 2 결합법칙

세 집합 A, B, C에 대하여 다음 등식이 성립함을 벤 다이어그램을 이용하여 확인해 보도록 하자.

$$(A \cup B) \cup C = A \cup (B \cup C)$$

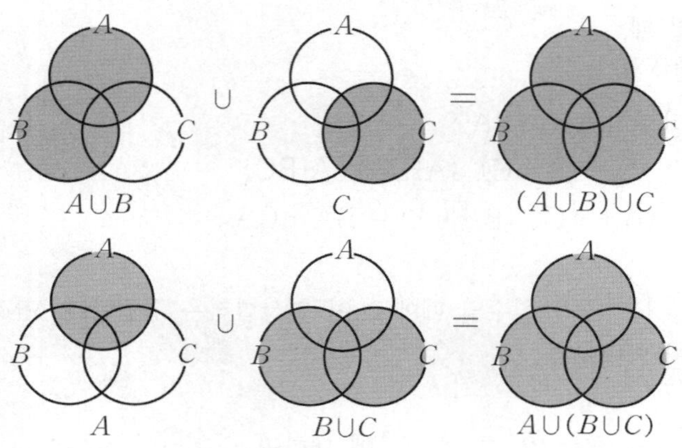

따라서 $(A \cup B) \cup C = A \cup (B \cup C)$가 성립한다.

또한 세 집합 A, B, C에 대하여 $(A \cap B) \cap C = A \cap (B \cap C)$가 성립함을 벤 다이어그램을 통해 확인할 수 있다. 일반적으로 세 집합 A, B, C에 대하여 다음이 성립한다. 이것을 집합의 『결합법칙』이라고 한다.

집합의 결합법칙

(1) $(A \cup B) \cup C = A \cup (B \cup C)$ [합집합에 대한 결합법칙]

(2) $(A \cap B) \cap C = A \cap (B \cap C)$ [교집합에 대한 결합법칙]

THEME 3 분배법칙

세 집합 A, B, C에 대하여 다음 등식이 성립함을 벤 다이어그램을 이용하여 확인해 보도록 하자.

$$A\cup(B\cap C)=(A\cup B)\cap(A\cup C)$$

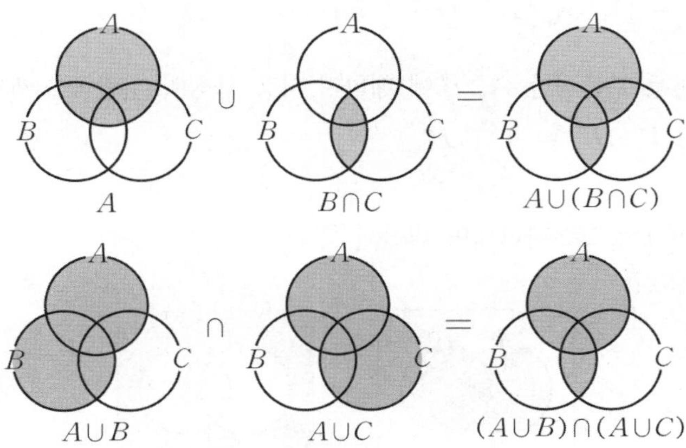

따라서 $A\cup(B\cap C)=(A\cup B)\cap(A\cup C)$가 성립한다.
또한 세 집합 A, B, C에 대하여 $A\cap(B\cup C)=(A\cap B)\cup(A\cap C)$이 성립함을 벤 다이어그램을 통해 확인해 볼 수 있다. 일반적으로 세 집합 A, B, C에 대하여 다음이 성립한다. 이것을 집합의 『분배법칙』이라고 한다.

집합의 분배법칙

(1) $A\cup(B\cap C)=(A\cup B)\cap(A\cup C)$

(2) $A\cap(B\cup C)=(A\cap B)\cup(A\cap C)$

$A\cup(B\cap C)$
$=(A\cup B)\cap(A\cup C)$

$A\cap(B\cup C)$
$=(A\cap B)\cup(A\cap C)$

THEME 4 드모르간의 법칙

전체집합 $U=\{1,\ 2,\ 3,\ 4,\ 5,\ 6\}$의 두 부분집합 $A=\{2,\ 4,\ 6\}$, $B=\{3,\ 4,\ 6\}$에 대하여 $(A\cup B)^C$과 $A^C\cap B^C$, $(A\cap B)^C$과 $A^C\cup B^C$을 구하면 다음과 같다.

$$(A\cup B)^C=\{1,\ 5\}=A^C\cap B^C\ ,\ (A\cap B)^C=\{1,\ 2,\ 3,\ 5\}=A^C\cup B^C$$

이처럼 전체집합 U의 두 부분집합 A, B에 대하여 다음 등식이 성립함을 벤 다이어그램을 이용해 확인해 보도록 하자. $(A\cup B)^C=A^C\cap B^C$

$(A\cup B)^C$을 벤 다이어그램으로 나타내면 다음과 같다.

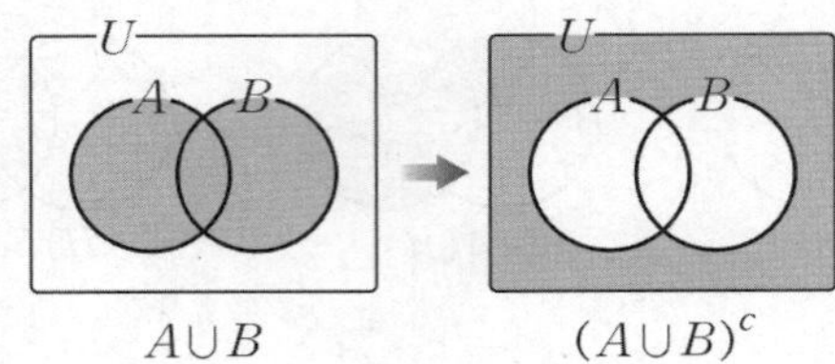

또 $A^C\cap B^C$을 벤 다이어그램으로 나타내면 다음과 같다.

A^c ∩ B^c = $A^c\cap B^c$

따라서 $(A\cup B)^C=A^C\cap B^C$이 성립한다.

마찬가지로 전체집합 U의 두 부분집합 A, B에 대하여 $(A\cap B)^C=A^C\cup B^C$이 성립함을 벤 다이어그램으로 확인해 볼 수 있다. 일반적으로 합집합과 교집합의 여집합에 대하여 다음이 성립한다. 이것을 『드모르간의 법칙』이라고 한다.

드모르간의 법칙

전체집합 U의 두 부분집합 A, B에 대하여

(1) $(A\cup B)^C=A^C\cap B^C$ (2) $(A\cap B)^C=A^C\cup B^C$

THEME 5 대칭차집합

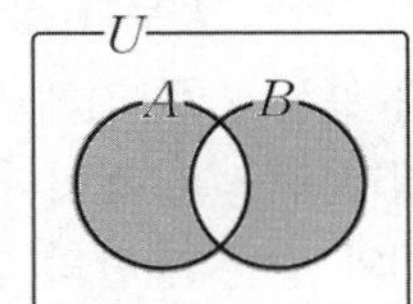

이번엔 시험에서 자주 출제하는 응용된 집합의 연산을 알아보자.
전체집합 U의 두 부분집합 A, B에 대하여 $(A-B)\cup(B-A)$를 벤 다이어그램으로 나타내면 다음과 같다.
이처럼 차집합들을 합쳐놓은 집합을 『대칭차집합』이라 하고 일반적으로 연산 기호 △를 써서 $A\triangle B$와 같이 나타낸다.
일반적으로 대칭차집합을 표현하는 방법은 다음과 같다.

대칭차집합 $A\triangle B$

전체집합 U의 두 부분집합 A, B에 대하여 다음과 같은 연산에 의한 결과물을 대칭차집합이라 한다.
(1) $(A-B)\cup(B-A)$
(2) $(A\cap B^C)\cup(B\cap A^C)$
(3) $(A\cup B)-(A\cap B)$

또한 대칭차집합은 다음과 같은 연산법칙도 성립한다.

(1) $A\triangle B=B\triangle A$(교환법칙)

(2) $(A\triangle B)\triangle C=A\triangle(B\triangle C)$(결합법칙)

THEME 6 집합의 연산법칙 총정리

지금까지 공부한 집합의 교환법칙, 결합법칙, 분배법칙 등 집합에 대해서는 여러 법칙이 성립한다. 다음 표는 U를 전체집합이라 하고 A, B, C, X를 U의 부분집합이라고 할 때, 집합에 대한 연산법칙을 정리해 놓은 것이다.
이와 같은 집합의 연산법칙 역시 벤 다이어그램을 이용하면 쉽게 확인할 수 있다.

집합의 연산법칙

(1) $A\cup B=B\cup A,\ A\cap B=B\cap A$ [교환법칙]
(2) $(A\cup B)\cup C=A\cup(B\cup C)$
$(A\cap B)\cap C=A\cap(B\cap C)$ [결합법칙]
(3) $A\cup(B\cap C)=(A\cup B)\cap(A\cup C)$
$A\cap(B\cup C)=(A\cap B)\cup(A\cap C)$ [분배법칙]
(4) $A\cup A=A,\ A\cap A=A$
(5) $A\cup(A\cap B)=A,\ A\cap(A\cup B)=A$ [흡수법칙]
(6) $A\cup\varnothing=A,\ A\cap U=A$
(7) $A\cup U=U,\ A\cap\varnothing=\varnothing$
(8) $A\cup A^C=U,\ A\cap A^C=\varnothing$
(9) $(A^C)^C=A$
(10) $\varnothing^C=U,\ U^C=\varnothing$
(11) $A-B=A\cap B^C$ [차집합]
(12) $(A\cup B)^C=A^C\cap B^C,\ (A\cap B)^C=A^C\cup B^C$ [드모르간의 법칙]
(13) $A\cup B=\varnothing$ 이면 $A=\varnothing$ 이고 $B=\varnothing$
$A\cap B=U$ 이면 $A=U$ 이고 $B=U$
(14) $A\cup B=U$ 이고 $A\cap B=\varnothing$ 이면 $A=B^C$ 이고 $B=A^C$
(15) 임의의 집합 A 에 대하여 $A\cup X=A$ 이면 $X=\varnothing$
임의의 집합 A 에 대하여 $A\cap X=A$ 이면 $X=U$

THEME 7 집합의 세계와 수의 세계의 비교

집합의 포함관계는 수의 대소 관계와 닮은 데가 있다.
합집합, 교집합은 두 개의 집합이 주어지면 새로운 집합이 정해지는 점에서 수의 덧셈, 곱셈과 닮은 데가 있다.
또, 집합의 교환법칙, 결합법칙, 분배법칙 등도 수식의 그것들과 닮은 데가 많다. 여기서 서로 닮은 점을 알아두면 집합의 연산과정이 쉽게 받아들여질 것이다.

집합의 세계

1. 포함관계 $A \subset B$

   $A \subset B,\ B \subset C \Rightarrow A \subset C$

   $A \subset B,\ B \subset A \Rightarrow A = B$

2. 합집합, 교집합

   $A \cup B,\ A \cap B,$

   $A \cup \varnothing = A,\ A \cap \varnothing = \varnothing$

3. 차집합, 여집합

   $A - B,\ A^C,\ (A^C)^C = A$

   $A \subset B \Rightarrow B^C \subset A^C$

4. 교환법칙

   $A \cup B = B \cup A$

   $A \cap B = B \cap A$

5. 결합법칙

   $(A \cup B) \cup C = A \cup (B \cup C)$

   $(A \cap B) \cap C = A \cap (B \cap C)$

6. 분배법칙

   $A \cap (B \cup C) = (A \cap B) \cup (A \cap C)$

   $A \cup (B \cap C) = (A \cup B) \cap (A \cup C)$

수의 세계

1. 대소 관계 $a \le b$

   $a \le b,\ b \le c \Rightarrow a \le c$

   $a \le b,\ b \le a \Rightarrow a = b$

2. 덧셈(+), 곱셈 (×)

   $a+b,\ a \times b$

   $a+0=a,\ a \times 0=0$

3. 뺄셈(−)

   $a-b,\ -a,\ -(-a)=a$

   $a \le b \Rightarrow -b \le -a$

4. 교환법칙

   $a+b=b+a$

   $a \times b=b \times a$

5. 결합법칙

   $(a+b)+c=a+(b+c)$

   $(a \times b) \times c=a \times (b \times c)$

6. 분배법칙

   $a \times (b+c)=a \times b+a \times c$

조심해야할 집합과 수의 세계

① $A \cup (B \cap C)=(A \cup B) \cap (A \cup C)$	$a+(b \times c) \ne (a+b) \times (a+c)$
② $A \cup A=A,\ A \cap A=A$	$a+a \ne a,\ a \times a \ne a$
③ $A \cup B=A \Rightarrow B \subset A$	$a+b=a \not\Rightarrow b \le a$
$A \cap B=A \Rightarrow A \subset B$	$a \times b=a \not\Rightarrow a \le b$
④ $(A \cup B)^C = A^C \cap B^C$	$-(a+b) \ne (-a) \times (-b)$
$(A \cap B)^C = A^C \cup B^C$	$-(a \times b) \ne (-a)+(-b)$

정답 및 해설 8p

필수예제 01 합집합과 교집합

세 집합 A, B, C에 대하여
$A=\{1,\ 2,\ 3,\ 4\}$, $B=\{3,\ 4,\ 5\}$,
$C=\{1,\ 3,\ 5,\ 7\}$ 일 때, $(A\cup B)\cap C$를 원소나열법으로 나타내어라.

두 집합 A, B에 대하여
$A=\{2,\ 3,\ a-2,\ b+1\}$, $B=\{5,\ a,\ b\}$,
$A\cap B=\{3,\ 5\}$일 때, $A\cup B$를 모두 구하여라.

대치동 꿀팁 집합을 나타낼 때는 항상 { }와 같이 집합기호를 사용해야 한다. 또한 집합이 $\{5,\ a,\ b\}$와 같이 표현되어 있다면 $a\neq b$임은 문제에 언급되지 않더라도 약속된 부분이라고 생각해야 한다.

유제 01 세 집합 $A=\{1,\ 2,\ 3,\ 4,\ 5\}$, $B=\{2,\ 4,\ 6,\ 8\}$, $C=\{2,\ 3,\ 5,\ 7\}$에 대하여 $(A\cap B)\cup C$는?

5회 복습 1 2 3 4 5

① $\{2\}$
② $\{2,\ 4\}$
③ $\{2,\ 3,\ 5,\ 7\}$
④ $\{2,\ 3,\ 4,\ 5,\ 7\}$
⑤ $\{1,\ 2,\ 3,\ 4,\ 5,\ 6,\ 7,\ 8\}$

유제 02 두 집합 $A=\left\{a+2,\ 3,\ \dfrac{a}{2}\right\}$, $B=\{1,\ a,\ b,\ 5\}$에 대하여 $A\cap B=\{1,\ 4\}$일 때, $a+b$의 값을 구하여라.

유제 03 두 집합 $A=\{2,\ a-2,\ a,\ 7\}$, $B=\{b-1,\ b,\ 2b\}$에 대하여 $A\cap B=\{2,\ 3\}$일 때, $A\cup B$의 모든 원소의 합을 구하여라. (단, $a>3$)

필수예제 02 차집합과 여집합

전체집합 $U=\{1,\ 2,\ 3,\ 4,\ 5\}$의 두 부분집합 $A=\{1,\ 2,\ 3\}$, $B=\{3,\ 4,\ 5\}$에 대하여 $(A-B)^C$은?

① $\{3\}$
② $\{1,\ 2\}$
③ $\{4,\ 5\}$
④ $\{3,\ 4,\ 5\}$
⑤ $\{1,\ 2,\ 4,\ 5\}$

두 집합
$A=\{1,\ 2x,\ x+3\}$,
$B=\{x-1,\ 2x+1,\ 4x+2\}$에서
$A\cap B^C=\{4\}$일 때, $A\cup B$를 구하여라.

대치동 꿀팁 $A\cap B^C=A-B$와 같은 연산을 기억해야 한다. 항상 변환하는 것은 아니지만 상황에 따라 쉬운 연산이 가능할 것이다.

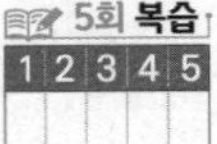

유제 04 전체 집합 $U=\{x\mid x$는 8 이하의 자연수 $\}$의 두 부분집합 $A=\{1,\ 2,\ 3,\ 4,\ 5\}$, $B=\{4,\ 7\}$에 대하여 $\{(A-B)\cup(B-A)\}^C$는?

① $\{7\}$　② $\{1,\ 2,\ 3,\ 5\}$　③ $\{4,\ 6,\ 8\}$
④ $\{2,\ 3,\ 4,\ 7\}$　⑤ $\{1,\ 2,\ 3,\ 5,\ 7\}$

유제 05 전체집합 $U=\{x\mid x$는 10 이하의 짝수$\}$의 두 부분집합 $A=\{2,\ 4,\ a\}$, $B=\{b-2,\ b,\ b+2\}$에 대하여 $A-B=\{8\}$일 때, $A\cup B$를 구하여라.

유제 06 5회 복습 1 2 3 4 5

전체집합 $U=\{0,1,2,3,4,5\}$의 두 부분집합 A, B 에 대하여 $(A\cup B)^C=\{5\}$, $A\cap B=\{2\}$, $B-A=\{0,4\}$일 때, 집합 $A-B$의 모든 원소의 합은?

① 1　② 2　③ 3　④ 4　⑤ 5

필수예제 03 집합의 연산의 성질

다음 중 $A \subset B$와 같은 의미인 것을 모두 고르시오.

① $A \cap B = A$

② $A \cup B = B$

③ $A - B = \varnothing$

④ $A \cap B^C = \varnothing$

⑤ $A^C \cup B = U$

⑥ $B^C \subset A^C$

⑦ $n(B - A) = n(B) - n(A)$

두 집합 $A = \{1, 2, 3, 4\}$, $B = \{3, 4, 5\}$일 때, $(A - B) \cap X = A - B$, $X \cup (A \cup B) = A \cup B$를 만족하는 집합 X의 개수를 구하시오.

대치동 꿀팁 두 집합의 포함관계를 확인할 때는 벤다이어그램을 그리는 것을 추천한다. 물론, 두 집합을 교집합 또는 합집합 했을 때, 둘 중 하나의 결과가 나온다는 식을 만나면 바로 포함관계를 말할 수 있지만 간단한 교집합 또는 합집합의 연산이 아닌 경우 연산법칙을 적용해서 간단하게 바꾸거나 벤다이어그램을 그려서 확인해보면 보다 쉽게 접근할 수 있을 것이다. 또한 부분집합의 개수를 구할 때는 공식에 의존하지 말고 각각의 원소에 인터뷰 하듯이 개수를 구하면 좋겠다.

유제 07

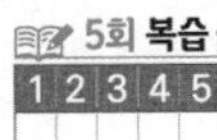

5회 복습 1 2 3 4 5

전체집합 U의 부분집합 A, B에 대하여 다음 중 옳은 것은?

① $A \cap B = B$이면 $B^C \subset A^C$

② $A - B = \varnothing$ 이면 $A = \varnothing$

③ $A \cap B^C = \varnothing$ 이면 $A \subset B$

④ $A \subset B$이면 $A^C \cup B = B$

⑤ $A \cup B = B$이면 $B - A^C = \varnothing$

유제 08

5회 복습 1 2 3 4 5

두 집합 $A = \{4, 5, 6\}$, $B = \{1, 2, 3, 4, 5\}$에 대하여 $A \cap X = A$, $(A \cup B) \cap X = X$를 만족하는 집합 X의 개수를 구하여라.

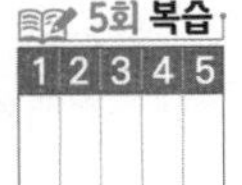

유제 09

5회 복습 1 2 3 4 5

두 집합 $A = \{1, 2, 3, 4, 5, 6\}$, $B = \{1, 2, 3, 4\}$에 대하여 다음 조건을 만족시키는 집합 X의 개수를 구하여라.

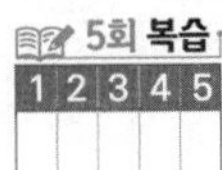

(가) $X \cup A = A$

(나) $n(X \cap B) = 2$

필수예제 04 집합의 연산법칙

다음은 $(A-B)-C=A-(B\cup C)$가 성립함을 집합의 연산 법칙을 이용하여 증명한 것이다.

$(A-B)-C=($ ㉮ $)\cap C^C$

$=A\cap(B^C\cap C^C)($ ㉯ $)$

$=A\cap($ ㉰ $)$(드 모르간의 법칙)

$=A-(B\cup C)$

위의 과정에서 ㉮, ㉯, ㉰에 알맞은 것을 순서대로 적으면?

① $A\cap B^C$, 결합법칙, $(B\cup C)^C$
② $A\cap B^C$, 결합법칙, $(B\cap C)^C$
③ $A\cap B^C$, 분배법칙, $(B\cap C)^C$
④ $A\cup B^C$, 결합법칙, $(B\cup C)^C$
⑤ $A\cup B^C$, 분배법칙, $(B\cup C)^C$

두 집합 A, B에 대하여
$[(A\cap B)\cup(A-B)]\cap B=A$
가 성립할 때, 집합 A, B의 포함관계를 말하여라.

대치동 꿀팁 연산이 하나만 있는 것이 아닌 경우 교환법칙, 결합법칙, 분배법칙을 통해 최대한 간단하게 식 변형을 먼저하면 좋다. 바로 벤다이어그램을 그려(생각보다 많이 그려봐야 함) 문제를 해결할 수도 있지만 지금 배우는 단원은 집합의 연산법칙! 연산연습을 해보는 단원이기 때문에 답을 내는 것에만 집중하지 말고 연산연습을 꼼꼼하게 진행해보자.

유제 10 (5회 복습 1 2 3 4 5)

다음은 전체집합U의 두 부분집합 A, B에 대하여 $A\cap(A\cup B^C)=\varnothing$ 임을 증명하는 과정이다.

$A\cap(A\cup B)^C$
$=A\cap(A^C\cap B^C)$ ↲ (가)
$=(A\cap A^C)\cap B^C$ ↲ (나)
$=\varnothing\cap B^C$
$=\varnothing$

(가), (나)에 사용된 연산법칙을 순서대로 써라.

전체집합 U의 두 부분집합 A, B에 대하여 $(A \cup B) \cap (B-A)^C = A \cap B$일 때, 다음 중 옳은 것은?

① $A \subset B$

② $B \subset A$

③ $A \cap B^C = A$

④ $A \cup B = U$

⑤ $A \cap B = \varnothing$

전체집합 U 의 두 부분집합 A, B 에 대하여 $(A \cup B) \cap A^C = B$ 일 때, 다음 중 항상 성립하는 것은?

① $A = \varnothing$

② $A \cap B = \varnothing$

③ $A \cup B = U$

④ $A - B = \varnothing$

⑤ $A^C = B^C$

필수예제 05 배수집합 / 대칭차집합

양의 정수 k의 모든 배수를 원소로 하는 집합을 A_k라 할 때, 다음 중에서 옳지 않은 것을 모두 고르면?

① $A_4{}^C \cup A_6{}^C = A_{12}{}^C$

② $A_3 \cap (A_2 \cap A_4) = A_6$

③ $A_2 \cup (A_2 \cap A_5) = A_2$

④ $A_4 \cup (A_6 \cap A_9) = A_3$

⑤ $A_2 \cap (A_3 \cup A_4) = A_6 \cup A_4$

전체집합 U의 두 부분집합 A, B에 대하여 $A \circ B = (A \cap B^C) \cup (A^C \cap B)$ 라고 정의할 때, 다음 중 성립하는 등식을 모두 고르면?

① $A \circ U = A^C$

② $A \circ A^C = U$

③ $A^C \circ \varnothing = A^C$

④ $A^C \circ B^C = A \circ B$

대치동 꿀팁 배수집합과 약수집합을 연산할 때는 최소공배수와 최대공약수를 의심하도록 하자. 또한 연산이 가능해서 그 결과는 최소공배수, 또는 최대공약수라고 말할 수 있다면 상관없지만 그것이 불가능한 경우 교환법칙, 결합법칙, 분배법칙을 통해 연산이 가능하게끔 식 변형을 해줘야 한다. 또한 대칭차집합을 나타내는 표현 $(A-B) \cup (B-A)$, $(A \cap B^C) \cup (B \cap A^C)$, $(A \cup B) - (A \cap B)$는 모두 같은 표현이고 기억하고 있어야 한다.

유제 13

1에서 50까지의 자연수 중에서 자연수 k의 배수의 집합을 A_k라고 할 때, $A_2 \cap (A_3 \cup A_4)$의 원소의 개수는?

① 12 ② 16 ③ 18 ④ 20 ⑤ 22

유제 14

두 집합 A, B에 대하여 연산 $\triangle$를 $A \triangle B = (A \cup B) - (A \cap B)$로 정의한다. $A = \{1, 3, 4, 5\}$, $A \triangle B = \{2, 3, 4, 5, 6, 7\}$이라 할 때, 집합 B의 모든 원소의 합을 구하시오.

유제 15

공집합이 아닌 서로 다른 두 집합 A, B에 대하여 연산 $\circ$을 $A \circ B = (A-B) \cup (B-A)$로 정의할 때, 다음 중 $(A \circ B) \circ A$와 같은 집합은?

① A ② B ③ $B-A$

④ $A \cap B$ ⑤ $A \cup B$

필수예제 06 유한집합의 원소의 개수

전체집합 U의 두 부분집합 A, B에 대하여 $n(U)=35$, $n(A)=17$, $n(B)=13$, $n(A\cup B)=25$일 때, 다음을 구하여라.

(1) $n(A\cap B)$

(2) $n((A-B)^C)$

어느 학원의 수강생 70명 중에서 영어, 수학, 국어 세 과목의 신청자를 조사한 결과 영어, 수학, 국어를 신청한 사람이 각각 45명, 50명, 48명이었고 영어와 수학, 영어와 국어, 수학과 국어의 신청자는 각각 31명, 32명, 35명이었다. 또, 세 과목 중 어느 것도 신청하지 않은 사람이 4명이었다. 이때, 세 과목을 모두 신청한 사람의 수를 구하여라.

대치동 꿀팁 집합의 연산에서 포함배제의 원리는 공식으로 기억하는 것이 좋다. 물론! 벤다이어그램을 그려서 생각하는 것은 당연하게 해주자!
$n(A\cup B)=n(A)+n(B)-n(A\cap B)$, $n(A\cup B\cup C)=n(A)+n(B)+n(C)-n(A\cap B)-n(B\cap C)-n(C\cap A)+n(A\cap B\cap C)$

유제 16 5회 복습 1 2 3 4 5

어느 학급 40명의 학생을 대상으로 메신저 프로그램의 사용여부를 조사하였다. N메신저를 사용하는 학생이 35명, M메신저를 사용하는 학생이 25명, 두 메신저를 모두 사용하지 않는 학생이 2명이었을 때, N메신저만 사용하는 학생의 수를 구하여라.

유제 17 5회 복습 1 2 3 4 5

어떤 마을에 50가구가 거주하고 있는데 A, B, C 세 종류의 신문을 구독하여 보고 있다. A, B, C 모두 구독하는 가구는 5가구, A를 구독하는 가구는 30가구, B를 구독하는 가구는 27가구, C를 구독하는 가구는 24가구이다. 이때 두 종류의 신문만 구독하는 가구는 모두 몇 가구인가? (단, 모든 가구는 한 가지 이상의 신문을 본다.)

① 20가구 ② 21가구 ③ 22가구
④ 23가구 ⑤ 24가구

유제 18 5회 복습

세 집합 A, B, C에 대하여 $A\cap B=\varnothing$이고, $n(A)=5$, $n(B)=4$, $n(C)=3$, $n(A\cup C)=7$, $n(B\cup C)=5$일 때, $n(A\cup B\cup C)$의 값을 구하시오.

필수예제 07 교집합 합집합의 최대최소

전체집합 U의 두 부분집합 X, Y에 대하여 $n(U)=20$, $n(X)=14$, $n(Y)=8$ 일 때, $n(X\cap Y)$의 최댓값 M과 최솟값 m의 차 $M-m$의 값은?

① 3 ② 4 ③ 5 ④ 6 ⑤ 7

전체집합 U의 두 부분집합 A, B에 대하여 $n(U)=40$, $n(A)=25$, $n(B)=35$일 때, $n(A\cup B)$의 최댓값 M과 최솟값 m의 합 $M+m$의 값을 구하시오.

대치동 꿀팁 교집합과 합집합의 최댓값 또는 최솟값을 구할 때는 최소가 될 때의 상황과 최대가 될 때의 상황을 극단적으로 생각해서 답을 내는 것이 현명하다. 보통 한 집합이 다른 집합을 포함하고 있는 경우와 합집합이 전체가 되는 경우만 생각하면 된다. 만일 식으로 풀게 되면 부등식의 개념을 적용해야 하고 계산 실수가 발생할 수 있기 때문에 추천하지 않겠다.

유제 19 48명의 학생 중에서 물리를 선택한 학생은 32명, 화학을 선택한 학생은 40명이다. 물리와 화학을 모두 선택한 학생수를 x라 할 때, 가능한 x의 범위를 $a\le x\le b$라 하면 $b-a$의 값은?

① 5 ② 6 ③ 7 ④ 8 ⑤ 9

유제 20 학생 수가 35명인 어느 학급에서 구독하고 있는 신문을 조사하였더니 A신문을 구독하는 학생이 20명, B신문을 구독하는 학생이 12명이었다. A신문과 B신문 모두 구독하는 학생이 5명 이상일 때, A신문과 B신문 중 적어도 하나를 구독하는 학생은 최대 a명이고, 최소 b명이다. 이때 $a+b$의 값은?

① 20 ② 27 ③ 30 ④ 35 ⑤ 47

유제 21 전체집합의 U의 두 부분집합 A, B에 대하여 $n(U)=35$, $n(A)=21$, $n(B)=19$에 대하여 $n(B-A)$의 최댓값을 구하시오.

내신기출 맛보기

정답 및 해설 13p

01 2021년 경기고 기출 변형 ★☆☆

전체집합 U의 두 부분집합 A, B에 대하여 다음 중 집합 $(A-B^{C})\cap(B-A)$와 항상 같은 것은?

① $\varnothing$　② A　③ B
④ $A\cap B$　⑤ $A\cup B$

02 2021년 경기고 기출 변형 ★☆☆

전체집합 U의 두 부분집합 A, B에 대하여 $n(U)=50$, $n(A)=26$, $n(B)=32$일 때, $n(A\cap B)$의 최댓값과 최솟값의 합을 구하시오.

03 2021년 숙명여고 기출 변형 ★☆☆

두 집합 A, B가 $n(A)=60$, $n(B)=30$, $n((A-B)\cup(B-A))=64$일 때, $n(A\cup B)$의 값은?

① 69　② 71　③ 73
④ 75　⑤ 77

04 2021년 은광여고 기출 변형 ★★☆

세 집합 $A=\{x\mid 0\le x\le 5,\ x\text{는 정수}\}$, $B=\{y\mid y^2-4y+3=0\}$, $C=\{xy\mid x\in A,\ y\in B\}$에 대하여 〈보기〉에서 옳은 것만을 있는 대로 고른 것은?

〈보기〉

ㄱ. $n(C)=10$
ㄴ. $A\subset B\subset C$
ㄷ. $C-B=\{0,\ 2,\ 4,\ 5,\ 6,\ 9,\ 12,\ 15\}$

① ㄱ　② ㄷ　③ ㄱ, ㄷ
④ ㄴ, ㄷ　⑤ ㄱ, ㄴ, ㄷ

05 2021년 중산고 기출 변형 ★★☆

자연수 전체의 집합의 세 부분집합 A, B, X에 대하여
$A=\{2,\ 4,\ 6,\ 7,\ 10\}$, $B=\{x \mid x^2-5x+4=0\}$ 일 때, $X-(A-B)=\varnothing$를 만족시키는 집합 X의 개수는?

① 4 ② 8 ③ 12
④ 16 ⑤ 20

06 2021년 중대부고 기출 변형 ★★☆

두 집합 $A=\{a+9,\ a^2+4,\ -5\}$, $B=\{-4a-1,\ 5\}$에 대하여 $A\cup B=A$가 성립하도록 하는 실수 a값에 대한 집합 A의 모든 원소의 합은?

① 6 ② 8 ③ 10
④ 12 ⑤ 14

07 2021년 풍문고 기출 변형 ★★★

자연수 집합의 두 부분집합 $A=\{x \mid x$는 8의 약수$\}$, $B=\{x \mid x$는 24의 약수$\}$에 대하여 $A\cap X\neq\varnothing$, $B\cup X=B$를 만족시키는 집합 X의 개수는?

① 3 ② 8 ③ 16
④ 24 ⑤ 28

08 2021년 경문고 기출 변형 ★★★

전체집합 U의 세 부분집합 A, B, C에 대하여 다음 중에서 집합
$[(A\cup C)\cap(A\cup C^C)]\cap[(B\cup C)^C\cup(B^C\cap C)]=\varnothing$ 일 때, 다음 중 옳은 것은?

① $C\subset B$ ② $B\subset C$ ③ $A\subset C$
④ $B\subset A$ ⑤ $A\subset B$

MEMO

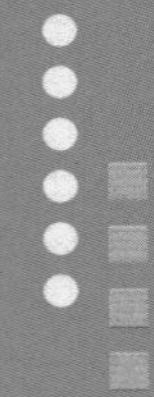

›› V 집합과 명제

19 명제

1 명제와 조건

2 명제

3 명제의 역과 대우

4 충분조건과 필요조건

개념정리

01 명제와 조건

THEME 1 명제

내용이 참인지 거짓인지 분명하게 판별할 수 있는 문장 또는 식을 『명제』라고 한다.
이때 내용이 항상 옳은 명제를 참인 명제라 하고, 한 가지라도 옳지 않은 경우가 있는 명제를 거짓인 명제라고 한다.

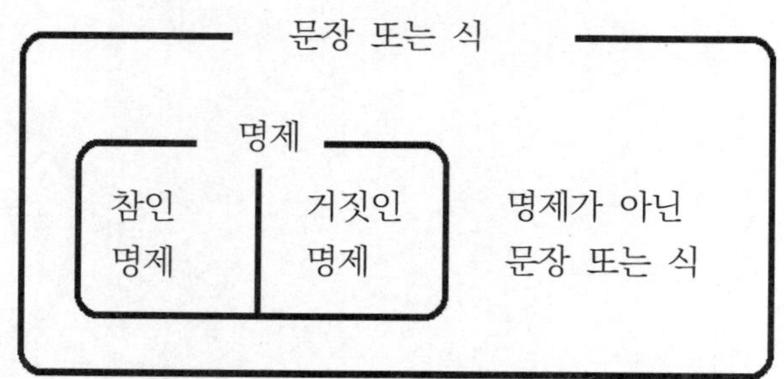

❶ 어떤 문장이 명제인지를 판별할 때 항상 객관적인 기준이 있어야 한다. “예쁘다”, “크다”, “맛있다” 등의 문장은 사람에 따라 그 기준이 다르므로 명제가 될 수 없다.
❷ 의문문, 감탄문, 명령문은 명제가 아니다.
❸ 거짓인 문장 또는 식도 명제이다.
❹ “$2x-1=0$”과 같이 x의 값에 따라 참, 거짓이 달라지는 식은 명제가 아니다.
$\Rightarrow$ $2x-1=0$는 $x=\frac{1}{2}$일 때는 참이지만 $x\neq\frac{1}{2}$일 때는 거짓이 되므로 명제가 아니다.

THEME 2 명제의 부정

명제 2는 4의 약수이다. 를 p로 나타낼 때, ⇦ 명제를 흔히 p, q, r로 나타낸다.
이때, “2는 4의 약수가 아니다.” 라는 명제를 p의 부정이라 하고 $\sim p$로 나타내며, p가 아니다 또는 *not* p라고 읽는다. 여기서 p가 참이면 $\sim p$는 거짓임을 알 수 있다. 일반적으로 명제 p가 참이면 그 부정 $\sim p$는 거짓이고, p가 거짓이면 그 부정 $\sim p$는 참이다. 그리고 $\sim p$의 부정은 p이다.
곧 $\sim(\sim p)=p$

보기

주어진 명제의 부정을 구하고, 참, 거짓을 판별하시오.
(1) 4는 2의 배수이다.
(2) 6은 홀수이다.
(3) $5 < 2$
(4) 3은 홀수이다.

(1) 참인 명제 "4는 2의 배수이다."의 부정은 "4는 2의 배수가 아니다."이고, 이것은 거짓인 명제이다.
(2) 거짓인 명제 "6은 홀수이다."의 부정은 "6은 홀수가 아니다."이고, 이것은 참인 명제이다.
(3) 또한 $5 < 2$의 부정은 $5 \geq 2$이고, 이것은 참인 명제이다.
(4) "3은 홀수이다."의 부정은 "3은 짝수이다."라고 하면 안된다. 자연수라는 전제 조건이 있었다면 맞지만, 자연수라는 전제 조건이 없으므로 홀수가 아니면 -2, $\frac{1}{3}$, …등과 같이 자연수가 아닌 경우도 부정에서 생각해야 한다.
즉, "3은 홀수이다."의 부정은 "3은 홀수가 아니다." 이고 이것은 거짓이다.

THEME 3 조건과 진리집합

문자 x를 포함하는 문장 'x는 2의 배수이다.' …①는 x의 값이 정해지지 않아서 참, 거짓을 판별할 수 없다.
그런데, $x=4$이면 ①은 참이고 $x=5$이면 ①은 거짓인 것과 같이, x의 값이 정해지면 참, 거짓을 판별할 수 있다. 일반적으로 문자 x를 포함하는 문장이나 식 중에서 x의 값에 따라 참, 거짓을 판별할 수 있는 것을 **조건**이라고 한다. 이때 문자 x를 포함하는 조건을 $p(x)$, $q(x)$, $r(x)$, …와 같이 나타내는데, 경우에 따라서는 p, q, r, …와 같이 나타내기도 한다. 명제에서와 같이 조건 p에 대하여 'p가 아니다.'를 조건 p의 **부정**이라고 하며, 이것을 기호로 $\sim p$ 와 같이 나타낸다.

보기

(1)'3은 홀수이다.'는 참, 거짓을 판별할 수 있으므로 명제이다.
(2)'x는 짝수이다.'는 x의 값에 따라 참, 거짓이 결정되므로 조건이다.

전체집합 U의 원소 중에서 조건 p가 참이 되게 하는 모든 원소의 집합을 조건 p의 **진리집합**이라고 한다.

조건 p의 진리집합을 P라고 할 때, $\sim p$의 진리집합은 P^C이다.

⇒ 조건 p, q, r, $\cdots$의 진리집합을 보통 P, Q, R, $\cdots$로 나타내고 특별한 언급이 없으면 전체집합을 실수 전체의 집합으로 생각한다.

보기

전체집합 $U=\{1, 2, 3, 4, 5, 6, 7, 8, 9\}$에 대하여 조건 p가 'p: x는 2의 배수이다.'일 때,

(1) p의 진리집합은 $P=\{2, 4, 6, 8\}$

(2) $\sim p$의 진리집합은 $P^C=\{1, 3, 5, 7, 9\}$

THEME 4 조건 'p 또는 q'와 'p 그리고 q'

전체집합 U에서 조건 p, q의 진리집합을 각각 P, Q라고 할 때,

(1) 조건 'p 또는 q'의 진리집합 ⇒ $P \cup Q$

(2) 조건 'p 그리고 q'의 진리집합 ⇒ $P \cap Q$

(3) 조건 '$\sim p$'의 진리집합 ⇒ P^C

(4) 'p 또는 q'의 부정 ⇒ '$\sim p$ 그리고 $\sim q$'

(5) 'p 그리고 q'의 부정 ⇒ '$\sim p$ 또는 $\sim q$'

보기

(1) 조건 '$x=2$ 그리고 $x=3$'의 부정은 '$x \neq 2$' 또는 '$x \neq 3$'

(2) 조건 '$x \leq 3$ 또는 $x \geq 5$'의 부정은 '$x > 3$' 그리고 '$x < 5$' $\therefore 3 < x < 5$

02 명제 $p \to q$

THEME 1 조건으로 이루어진 명제

명제 '$x=2$이면 $x^2=4$이다.'에서 '$x=2$'를 p, '$x^2=4$'를 q라고 하면 이 명제는 'p이면 q이다.'의 꼴이 된다.
일반적으로 두 조건 p, q로 이루어진 명제 'p이면 q이다.'를 기호로 $p \to q$와 같이 나타낸다. 이때 p를 『**가정**』, q를 『**결론**』이라고 한다.

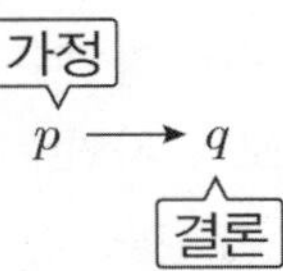

THEME 2 조건으로 이루어진 명제의 참, 거짓

두 조건 '$p(x)$: x는 4의 약수이다.', '$q(x)$: x는 8의 약수이다.'는 참과 거짓을 구별할 수 없으므로 명제가 아니다.
그러나 두 조건 $p(x)$, $q(x)$를 'x가 4의 약수이면 x는 8의 약수이다.' 와 같이 「이면」으로 연결한 문장은 참과 거짓을 구별할 수 있으므로 명제이다.
이때, 전체집합을 $U=\{1, 2, 3, 4, \cdots, 10\}$이라하고 조건 $p(x)$, $q(x)$의 진리집합을 각각 P, Q라고 하면 $P=\{x|p(x)\}=\{1, 2, 4\}$, $Q=\{x|q(x)\}=\{1, 2, 4, 8\}$이다. 여기서 명제 x가 4의 약수 → x는 8의 약수가 참이라고 하는 것은 $x \in P$이면 $x \in Q$ 곧, $P \subset Q$ 가 성립한다.

이처럼 명제 $p \to q$에서 조건 p가 성립하는 모든 경우에 조건 q도 성립하면 그 명제는 참이고, 조건 p는 성립하지만 조건 q가 성립하지 않는 경우가 있으면 그 명제는 거짓이다.
즉, 두 조건 p, q의 진리집합을 각각 P, Q라고 할 때, $P \subset Q$이면 명제 $p \to q$는 참이고, $P \not\subset Q$이면 명제 $p \to q$는 거짓이다. 이상을 정리하면 다음과 같다.

명제 $p \to q$의 참, 거짓

명제 $p \to q$에 대하여 두 조건 p, q의 진리집합을 각각 P, Q라고 할 때,
(1) $P \subset Q$이면 명제 $p \to q$는 참이다.
(2) $P \not\subset Q$이면 명제 $p \to q$는 거짓이다.

cf) 명제 $p \to q$가 거짓임을 보일 때는 가정 p는 만족하지만 결론 q는 만족하지 않는 예가 하나라도 있음을 보이면 된다. 이와 같은 예를 『반례』라고 한다. 명제 $p \to q$가 참일 때는 $p \Rightarrow q$라 표현한다.

THEME 3 '모든' 또는 '어떤'을 포함한 명제의 참, 거짓

명제 중에는 '모든'이나 '어떤'을 포함한 것이 있다. 이러한 명제의 참, 거짓을 판별해 보자.
우선 '모든'을 포함한 명제의 참, 거짓에 대하여 알아보자.
예를 들어, '모든'을 포함한 두 명제

'모든 자연수 x에 대하여 $x>0$이다.' … ①,
'모든 자연수 x에 대하여 $x>3$이다.' … ②

에 대하여 자연수는 항상 양수이므로 명제 ①은 참이지만, 1, 2와 같이 3보다 작은 자연수가 존재하므로 명제 ②는 거짓이다. 일반적으로 전체집합 U의 원소 x에 대한 조건 p에 대하여 명제 '모든 x에 대하여 p이다.'는 전체집합 U의 모든 원소가 조건 p를 참이 되게 할 때 참이고, 그렇지 않을 때에는 거짓이다.
이번엔 '어떤'을 포함한 명제의 참, 거짓에 대하여 알아보자.
예를 들어, 두 명제 '어떤 자연수 x에 대하여 $x^2=4$이다.' … ③,
'어떤 자연수 x에 대하여 $x^2=2$이다.' … ④
에 대하여 $x^2=4$를 참이 되게 하는 자연수 2가 존재하므로 명제 ③은 참이다. 그런데 $x^2=2$를 참이 되게 하는 자연수는 존재하지 않으므로 명제 ④는 거짓이다.
일반적으로 전체집합 U의 원소 x에 대한 조건 p에 대하여 명제 '어떤 x에 대하여 p이다.'는 조건 p를 참이 되도록 하는 전체집합 U의 원소 x가 적어도 하나 존재할 때 참이고 그렇지 않을 때에는 거짓이다.

* 전체집합을 U, 조건 p의 진리집합을 P라 할 때
(1) 명제 '모든 x에 대하여 p이다.'
⇒ $P=U$이면 참, $P\neq U$이면 거짓

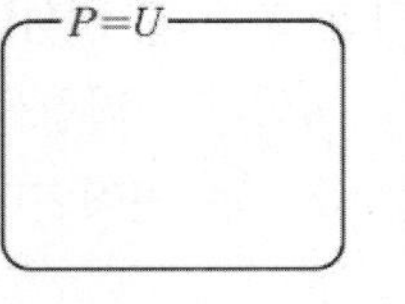

(2) 명제 '어떤 x에 대하여 p이다.'
⇒ $P\neq\varnothing$이면 참, $P=\varnothing$이면 거짓

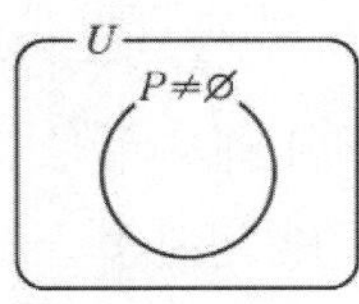

cf) '모든 x에 대하여~' : 조건을 만족시키지 않는 x가 하나라도 존재하면 거짓이 된다.
'어떤 x에 대하여~' : 조건을 만족시키는 x가 하나라도 존재하면 참이 된다.

THEME 4 '모든' 또는 '어떤'을 포함한 명제의 부정

이제 '모든'이나 '어떤'이 있는 명제의 부정에 대하여 알아보자.
명제 '모든 x에 대하여 p이다.'의 부정은 'p가 아닌 x가 있다.',
즉, '어떤 x에 대하여 $\sim p$이다.'가 된다.
또, '어떤 x에 대하여 p이다.'의 부정은 'p인 x가 없다.',
즉, '모든 x에 대하여 $\sim p$이다.'가 된다. 이상을 정리하면 다음과 같다.

'모든'이나 '어떤'이 있는 명제의 부정

(1) '모든 x에 대하여 p이다.'의 부정은 '어떤 x에 대하여 $\sim p$이다.'이다.
(2) '어떤 x에 대하여 p이다.'의 부정은 '모든 x에 대하여 $\sim p$이다.'이다.

보기

(1) 명제 '모든 정삼각형은 이등변삼각형이다.'의 부정은 '어떤 정삼각형은 이등변삼각형이 아니다.'이다.
(2) 명제 '어떤 자연수 x에 대하여 x^2은 홀수이다.'의 부정은 '모든 자연수 x에 대하여 x^2은 홀수가 아니다.'이다.
(3) 명제 '모든 실수 x에 대하여 $x^2-4x+4 \geq 0$이다.'의 부정은 '어떤 실수 x에 대하여 $x^2-4x+4 < 0$이다.'이다.

03 명제의 역과 대우

THEME 1 명제의 역과 대우

명제 $p \to q$ 에서 가정과 결론을 서로 바꾸어 놓은 명제 $q \to p$를 명제 $p \to q$의 역이라고 한다. 또, 명제 $p \to q$에서 가정과 결론을 부정하고 서로 바꾸어 놓은 명제 $\sim q \to \sim p$를 명제 $p \to q$의 대우라고 한다. 다음은 명제와 그 역, 대우 사이의 관계를 나타낸 것이다.

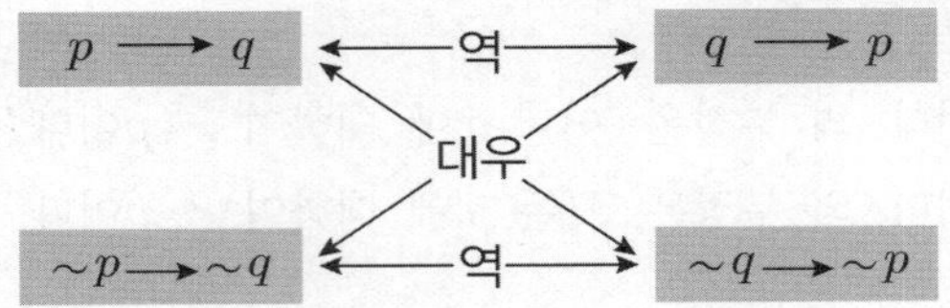

보기

(1) 명제 '$x=2$이면 $x^2=4$이다.'에 대하여

❶ 역은 '$x^2=4$이면 $x=2$이다.'이다.

❷ 대우는 '$x^2 \neq 4$이면 $x \neq 2$이다.'이다.

(2) 자연수 x에 대하여 x가 짝수이면 x^2은 짝수이다.

❶ 역은 '자연수 x에 대하여 x^2이 짝수이면 x는 짝수이다.'이다.

❷ 대우는 '자연수 x에 대하여 x^2이 홀수이면 x는 홀수이다.'이다.

(2)에서 '자연수 x에 대하여'를 대전제라고 한다. 대전제는 가정과 결론에 공통인 조건이므로 역, 대우 등에서도 항상 앞에 있어야 한다.

THEME 2 명제와 그 대우의 참, 거짓

다음 두 명제를 예로 하여 살펴보기로 하자.

명제 : $x=0 \to x^2=0$ (참)	명제 : $x=0 \to xy=0$ (참)
역 : $x^2=0 \to x=0$ (참)	역 : $xy=0 \to x=0$ (거짓)
대우 : $x^2 \neq 0 \to x \neq 0$ (참)	대우 : $xy \neq 0 \to x \neq 0$ (참)

위에서 보면 어떤 명제가 참일 때 그 명제의 대우는 참이지만, 그 명제의 역은 참인 경우도 있고 거짓인 경우도 있음을 알 수 있다.

명제의 역, 대우의 참과 거짓

(1) 명제 $p \to q$ 가 참이면 대우 $\sim q \to \sim p$ 도 반드시 참이다.
명제 $p \to q$ 가 거짓이면 대우 $\sim q \to \sim p$ 도 반드시 거짓이다.
(2) 명제 $p \to q$가 참이라고 해도 역 $q \to p$ 가 반드시 참인 것은 아니다.

조건 p, q 의 진리집합을 각각 P, Q 라고 하자.
$p \to q$ 가 참이면 $P \subset Q$ 가 성립한다. 그런데 $P \subset Q$ 이면 $Q^C \subset P^C$ 이므로 $\sim q \to \sim p$ 도 참이다.
즉, $p \to q$ 가 참이면 $\sim q \to \sim p$ 도 참이다.
또 $p \to q$ 가 거짓이면 $P \subset Q$ 가 성립하지 않으므로 $Q^C \subset P^C$ 도 성립하지 않는다.
즉, $p \to q$ 가 거짓이면 $\sim q \to \sim p$ 도 거짓이다.

THEME 3 삼단논법

예를 들어 '소크라테스는 인간이다. 인간은 죽는다. 따라서 소크라테스는 죽는다.' 와 같이 두 참인 명제 '소크라테스는 인간이다.' '인간은 죽는다.'로부터 명제 '소크라테스는 죽는다.'가 참임을 보이는 것을 『삼단논법』 이라고 한다. 즉, 세 조건 p, q, r을 p : 소크라테스이다. q : 인간이다. r : 죽는다. 라 하면 명제 $p \to q$가 참이고 명제 $q \to r$가 참이므로 명제 $p \to r$가 참이다.

삼단논법

명제 $p \to q$가 참이고 명제 $q \to r$가 참이므로 명제 $p \to r$가 참이다.

세 조건 p, q, r의 진리집합을 각각 P, Q, R이라 할 때, $P \subset Q$이고 $Q \subset R$이므로 $P \subset R$이다.

THEME 4 비둘기집 원리(참고)

지금부터 비둘기집 원리를 간단하게 배워보기로 한다. 정식 교육과정이라고 볼수는 없지만 비둘기집 원리를 이용하면 수학문제 해결에 대단히 유용하게 쓰일 때가 있을 것이다.

이를테면 4개의 비둘기집에 5마리의 비둘기가 산다고 하자.

만일, 한 집에 한 마리 이하로만 산다고 하면 4개의 집에 최대 4마리가 살게 된다. 이는 5마리의 비둘기가 산다는 가정에 모순이므로 적어도 한 집에는 두 마리의 비둘기가 살게 된다.

일반적으로 n개의 비둘기집에 $n+1$마리의 비둘기가 살면, 적어도 한 집에는 두 마리 이상의 비둘기가 살게 된다는 것을 비둘기집 원리(pigeonhole principle)라고 한다.

다음 보기들을 통하여 그 원리를 적용하는 방법을 익히기 바란다.

보기

한 변의 길이가 2인 정사각형의 내부에 5개의 점을 임의로 찍을 때, 두 점 사이의 거리가 $\sqrt{2}$ 보다 작은 두 점이 반드시 존재함을 보이자.

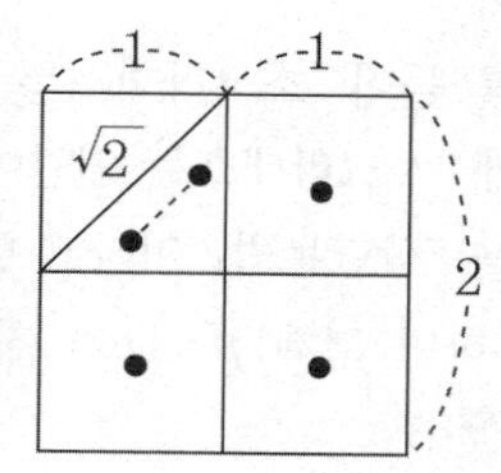

오른쪽 그림과 같이 주어진 정사각형의 각 변의 중점을 잡아 이으면 한 변의 길이가 1인 정사각형이 4개 생기고, 그 대각선의 길이는 $\sqrt{2}$ 가 된다.

여기에 5개의 점을 찍으면 4개의 정사각형 중 어느 하나에는 적어도 두 점을 찍어야 한다. 왜냐하면 각 정사각형에 한 점씩 고르게 찍는다고 해도 한 점은 남게 되기 때문이다. 이 한 점을 어느 정사각형에 찍든 하나에는 반드시 두 점을 찍게 된다.

따라서 두 점 사이의 거리가 $\sqrt{2}$ 보다 작은 두 점이 반드시 존재한다.

보기

한 변의 길이가 4인 정삼각형의 내부에 9개의 점을 임의로 찍을 때, 세 점을 꼭짓점으로 하는 삼각형의 넓이가 $\sqrt{3}$보다 작게 되는 세 점이 반드시 존재함을 보여라. (단, 어느 세 점도 한 직선위에 있지 않다.)

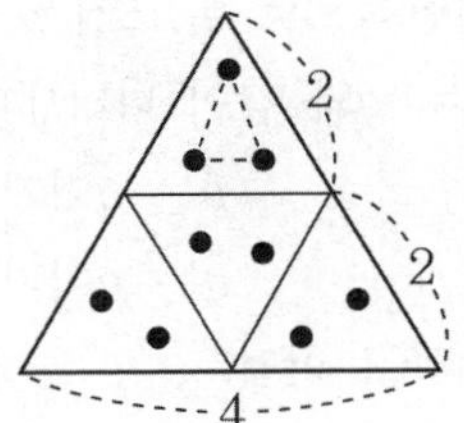

오른쪽 그림과 같이 주어진 정삼각형의 각 변의 중점을 잡아 이으면 한 변의 길이가 2인 정삼각형이 4개가 생기고, 그 넓이는 $\sqrt{3}$이 된다.
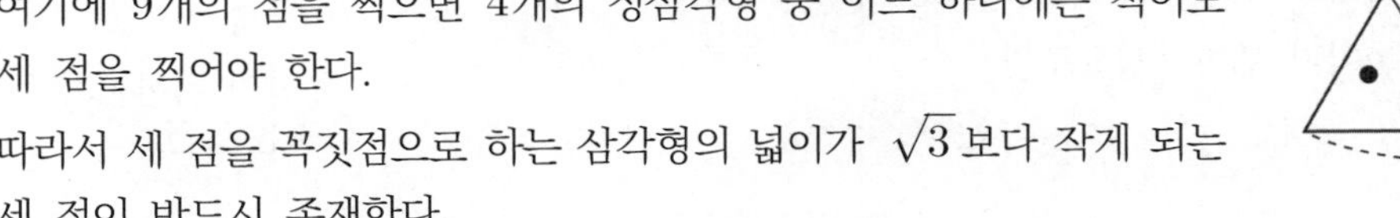
여기에 9개의 점을 찍으면 4개의 정삼각형 중 어느 하나에는 적어도 세 점을 찍어야 한다.
따라서 세 점을 꼭짓점으로 하는 삼각형의 넓이가 $\sqrt{3}$보다 작게 되는 세 점이 반드시 존재한다.

충분조건과 필요조건

THEME 1 충분조건과 필요조건

일반적으로 두 조건 p, q에 대하여 명제 $p \rightarrow q$가 참일 때, 이것을 기호로 $p \Rightarrow q$와 같이 나타낸다. 이때

p는 q이기 위한 『충분조건』

q는 p이기 위한 『필요조건』

이라고 한다.

p이기 위한 필요조건

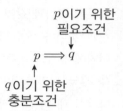

$p \Longrightarrow q$

q이기 위한 충분조건

cf) 명제 $p \rightarrow q$가 참이 아닌 경우는 $p \not\Rightarrow q$로 나타낸다.

THEME 2 필요충분조건

한편 $p \Rightarrow q$이고 $q \Rightarrow p$일 때, p는 q이기 위한 충분조건인 동시에 필요조건이다. 이것을 기호로 $p \Leftrightarrow q$와 같이 나타낸다. 이때 p는 q이기 위한 『필요충분조건』이라고 한다.

cf) p가 q이기 위한 필요충분조건이면 q도 p이기 위한 필요충분조건이다.

THEME 3 충분조건, 필요조건과 진리집합의 관계

두 조건 p, q의 진리집합을 각각 P, Q라고 할 때, 다음이 성립하고 그 역도 성립한다.

- $p \Rightarrow q$이면 $P \subset Q$
- $q \Rightarrow p$이면 $Q \subset P$
- $p \Leftrightarrow q$이면 $P = Q$

cf) 두 진리집합이 포함관계가 없으면 아무 조건도 아니다.

보기

다음 두 조건 p, q에 대하여 p는 q이기 위한 어떤 조건인가?

(1) p: x는 8의 약수이다. q: x는 16의 약수이다.

(2) p: $3x-2>1$, q: $x>1$

(1) 두 조건 p, q의 진리집합을 각각 P, Q라고 하면 $P=\{1, 2, 4, 8\}$,
$Q=\{1, 2, 4, 8, 16\}$ $P\subset Q$이므로 $p\Rightarrow q$ 따라서 p는 q이기 위한 충분조건이다.

(2) 두 조건 p, q의 진리집합을 각각 P, Q라고 하면
$P=\{x\mid 3x-2>1\}=\{x\mid x>1\}$, $Q=\{x\mid x>1\}$
$P=Q$이므로 $p\Leftrightarrow q$ 따라서 p는 q이기 위한 필요충분조건이다.

정답 및 해설 16p

필수예제 01 명제 / 부정

다음 중 명제가 아닌 것은?

① $-3 < -5$

② $a = b$ 이면 $a - c = b - c$ 이다.

③ 모든 소수는 홀수이다.

④ $x + 7 > -x + 5 - x$

⑤ $x = 1$ 이면 $x - 6 = 5$ 이다.

다음 조건의 부정을 만들어라.

(1) $x=1$ 또는 $y=1$

(2) $x=1$ 이고 $y=1$

(3) $x=\pm 2$

(4) $x \leq 1$ 또는 $x \geq 3$

(5) $2 < x \leq 5$

(6) 서울에 살거나 남자인 사람

(7) 모든 남자는 군대를 간다.

(8) 어떤 실수 x에 대하여 $x^2-2x-3>0$이다.

대치동 꿀팁: 명제는 참인지 거짓인지를 분명하게 판별할 수 있는 문장 또는 식이다. 대표적으로 방정식과 부등식은 명제가 아니다. 또한 조건을 부정할 때는 부정할 수 있는 대상만을 부정해야 한다. 대표적으로 '또는'과 '그리고', '어떤' 과 '모든'은 부정의 관계에 있다.

유제 01 다음 〈보기〉 중 명제인 것은 모두 몇 개인가?

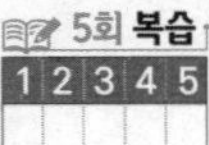

5회 복습

1	2	3	4	5

〈보기〉

㉠ $4+5=7$	㉡ $x+3=7$
㉢ 소수는 홀수이다.	㉣ 저 꽃은 아름답다.
㉤ 축구는 재미있는 운동이다.	㉥ $2x+4=6$이면 $x=1$이다.

① 1개 ② 2개 ③ 3개 ④ 4개 ⑤ 5개

다음 명제의 부정을 구하여라.

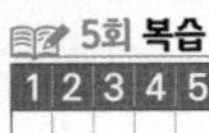

(1) $x \neq 0$이고 $y \neq 0$이다.

(2) 모든 실수 x에 대하여 $x^2 \geq 3$이다.

(3) m은 홀수이고, n은 짝수이다.

(4) $x \leq 1$ 이거나 $x > 3$이다.

필수예제 02 명제의 참 거짓

다음 중 거짓인 명제는?

① $x>0$이면 $x^2>0$이다.
② x가 소수이면 x는 홀수이다.
③ $x=1$이면 $x^2=1$이다.
④ $x>0$, $y>0$이면 $xy>0$이다.
⑤ x, y가 홀수이면 xy도 홀수이다.

대치동 꿀팁 거짓인 명제를 보이는 방법에서 가장 중요한 것은 반례를 찾는 것이다. 모든 문제가 반례를 찾아 참인지 거짓인지를 확인하는 것은 아니지만 거짓인 명제만을 찾는다면 반례만큼 좋은 방법이 없을 것이다.

유제 03 다음 명제의 부정 중 참인 것은?

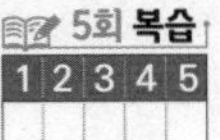

① 3은 홀수이다.
② 7은 3의 배수이다.
③ -5는 유리수이다.
④ $2+3\le 7$
⑤ 5는 10의 약수이다.

유제 04 다음 보기 중 참인 명제를 모두 고른 것은?

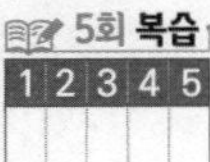

〈보기〉

ㄱ 지구는 움직인다.
ㄴ $2-2>1$
ㄷ 두 내각의 크기가 같은 삼각형은 정삼각형이다.
ㄹ $3-5$
ㅁ $x=2$이면 $x+3=5$이다.

① ㄱ, ㄷ ② ㄱ, ㅁ ③ ㄴ, ㅁ ④ ㄷ, ㄹ ⑤ ㄹ, ㅁ

필수예제 03 진리집합과 반례

실수 전체의 집합에서 정의된 두 조건 p, q가 각각 $p: 1 \leq x \leq 3$, $q: 2 \leq x \leq 4$일 때, 조건 'p 그리고 $\sim q$'의 진리집합을 구하여라.

전체집합 U에서 두 조건 p, q를 만족하는 집합 P, Q에 대하여 두 집합 P, Q 사이의 포함 관계가 아래 그림과 같을 때, 명제 'p이면 $\sim q$이다.' 가 거짓임을 보여주는 원소는?

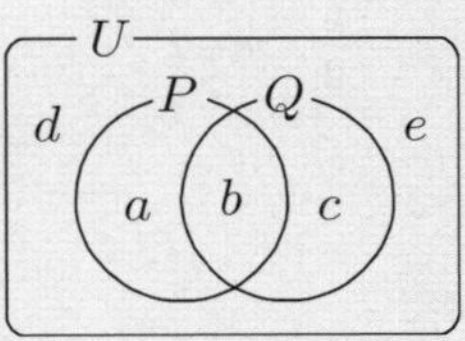

① a ② b ③ c
④ d ⑤ e

대치동 꿀팁 조건을 만족하는 원소를 모아놓은 집합을 진리집합이라 한다. 앞서 배운 집합의 개념을 다시 한번 확인하고 집합의 표현법으로 정확히 나타내도록 하자. 또한 명제 'p이면 q이다.'의 반례를 생각할 때는 조건 p를 만족하는 진리집합 P의 원소들 중에서만 생각해야 함을 주의 하자.

유제 05 5회 복습 1 2 3 4 5

실수 전체의 집합에서 정의된 두 조건 p, q가 각각 $p: x \leq 3$ 또는 $x \geq 7$, $q: 0 \leq x \leq 5$일 때, 다음 조건의 진리집합을 구하여라.

(1) $\sim p$　　(2) p 그리고 q　　(3) p 또는 $\sim q$

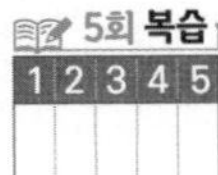

유제 06 5회 복습 1 2 3 4 5

다음은 거짓인 명제들이다. 거짓을 보이는 반례가 바르게 주어지지 않은 것은?

① $x^2 > 1$이면 $x > 1$이다. (반례 : $x = -2$일 때)
② 이등변삼각형은 정삼각형이다. (반례 : 직각이등변삼각형일 때)
③ $x^2 = 3$이면 $x = \sqrt{3}$이다. (반례 : $x = -\sqrt{3}$일 때)
④ 12의 약수이면 6의 약수이다. (반례 : 6일 때)
⑤ $xy = 6$이면 $x = 2$, $y = 3$이다. (반례 : $x = 1, y = 6$일 때)

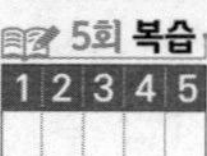

유제 07 다음 중 명제 '$xy>4$, $x+y>4$이면 $x>2$이고 $y>2$이다.'의 반례를 모두 고르시오.

① $x=1$, $y=1$

② $x=1$, $y=4$

③ $x=2$, $y=3$

④ $x=3$, $y=3$

⑤ $x=\frac{5}{2}$, $y=2$

필수예제 04 명제의 참/거짓과 진리집합

전체집합 U에서 세 조건 p, q, r의 진리집합 P, Q, R이 $P^C \cap Q = \varnothing$, $(P \cap Q) \cap R = \varnothing$을 만족시킬 때, 다음 명제 중 참이 아닌 것은?

① $q \to p$　② $r \to \sim p$　③ $\sim q \to \sim r$

④ $(p \text{ and } q) \to p$　⑤ $(p \text{ or } q) \to \sim r$

대치동 꿀팁 집합의 연산을 통해 집합의 포함관계를 파악하고 이를 명제로 바꿔줄 수 있어야 한다. 이때, $P \subset Q$이면 $p \to q$가 참이다. 또 대우 명제를 이용해 정보를 더 확인해야 하는데 $P \subset Q$이면 $P^C \supset Q^C$이고 $\sim q \to \sim p$가 참이다.

유제 08 전체 집합 U에서 두 조건 p, q의 진리집합을 각각 P, Q라고 하자.
명제 $p \to q$는 거짓이고 명제 $q \to p$는 참일 때, 다음 보기 중에서 옳은 것을 모두 골라라.

㉠ $P \cup Q = P$　㉡ $P^C \cap Q = U$　㉢ $Q^C \cap P^C = P^C$

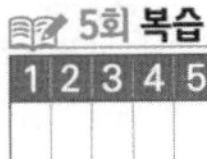

유제 09 전체집합 U에서 세 조건 p, q, r의 진리집합 P, Q, R이 $P \cup Q = P$, $P \cap R = \varnothing$을 만족시킬 때, 다음 명제 중 참이 아닌 것은? (단, $U \neq \varnothing$이다.)

① $q \to p$　② $r \to \sim q$

③ $(p \text{ and } q) \to p$　④ $(p \text{ and } r) \to \sim q$

⑤ $(p \text{ or } q) \to r$

유제 10 두 조건 p, q를 만족하는 집합을 각각 P, Q라 하자. 명제 $p \to \sim q$가 참일 때, 다음 중 옳은 것은? (단, U는 전체집합)

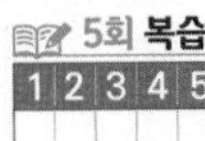

① $P \cap Q = P$　② $P \cap Q = Q$　③ $P \cap Q^C = P$

④ $P^C \cup Q = U$　⑤ $P^C \cup Q = \varnothing$

필수예제 05 명제가 참이기 위한 조건

두 조건 p : $-1 \le x \le 3$ q : $a \le x \le b$에 대하여, 명제 'p이면 q이다'가 참일 때, a, b의 조건을 구하시오.

두 조건 p : $3 < x \le 6$
q : $2a-1 < x < 3a+5$에 대하여, 명제 'p이면 q이다'가 참일 때, a값의 범위를 구하시오.

대치동 꿀팁 필수예제 04와는 다르게 명제를 보고 진리집합의 포함관계를 이용할 수 있어야 한다.
$p \to q$가 참이면 $P \subset Q$이다. 마찬가지로 대우 명제를 이용해 정보를 더 확인해야 하는데 $p \to q$ 가 참이면 $\sim q \to \sim p$가 참이고, $P^C \supset Q^C$인 관계가 성립한다.

유제 11

두 조건 p : $1 \le x \le a$, q : $|x| \le 3$이 있다.
명제 $p \to q$가 참이 되기 위한 a의 최댓값을 구하시오.

유제 12

두 조건 p, q를 만족하는 집합을 각각 $P=\{x \mid x \ge a\}$, $Q=\{x \mid -1 \le x \le 2,\ x \ge 4\}$라 하자. 명제'$\sim p$ 이면 $\sim q$'가 참이기 위한 상수 a의 최댓값은?

① 3 ② 2 ③ 1 ④ -1 ⑤ -2

유제 13

세 조건 p : $-2 < x < 1$ 또는 $x > 3$, q : $x > a$, r : $x > b$ 에 대하여 명제 'p이면 q이다', 'r이면 p이다'가 참일 때, a의 최댓값과 b의 최솟값의 합을 구하여라.

필수예제 06 '모든' 또는 '어떤'을 포함한 명제

다음 각 명제의 부정을 말하고, 그의 참, 거짓을 말하여라.

(1) 모든 실수 x에 대하여 $x^2 > x$이다.

(2) 임의의 실수 x에 대하여 $x > 0$ 또는 $x < 0$이다.

(3) 어떤 실수 x에 대하여 $x^2 + 3 = 0$이다.

(4) 적당한 실수 x에 대하여 $x - 2 \ge 0$이고 $x^2 - 2 \ge 0$이다.

전체집합 $U = \{-1,\ 0,\ 1\}$에 대하여 다음 명제의 참, 거짓을 판별하여라.

(1) 모든 x에 대하여 $x > 0$이다.

(2) 어떤 x에 대하여 $x = |x|$이다.

대치동 꿀팁 '모든 실수 x에 대하여'='임의의 실수 x에 대하여'='실수 x값에 관계없이'는 모두 같은 표현이다. 또한 '어떤 실수 x에 대하여'='적당한 실수 x에 대하여'도 같은 표현이다. 이때, '모든'과 '어떤'은 서로 부정의 관계이다.

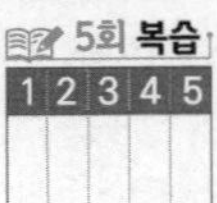

다음 명제의 부정을 말하여라.

(1) 모든 실수 x 에 대하여 $x^2+1>0$ 이다.

(2) 어떤 실수 x 에 대하여 $x \leq 2$ 이다.

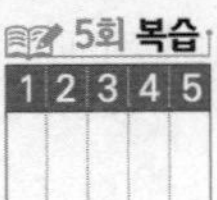

다음 각 명제의 부정의 참, 거짓을 말하여라.

(1) 모든 실수 x에 대하여 $x^2>0$이다.

(2) 어떤 자연수 x에 대하여 $x^2-3x+2=0$이다.

(3) $x^3-8=0$인 실수 x가 존재한다.

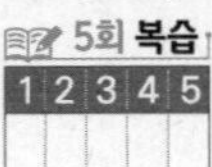

전체집합 $U=\{-2,\ -1,\ 0,\ 1,\ 2\}$ 에 대하여 다음 명제의 참, 거짓을 판별하여라.

(1) 모든 x에 대하여 $|x| \leq 2$이다.

(2) 어떤 x에 대하여 $(x-2)(x+2)>0$이다.

필수예제 07 명제의 역, 대우의 참, 거짓

다음 명제의 역, 대우를 말하고 참, 거짓을 조사하여라.

(1) $x>2$이면 $x^2 \geq 4$이다.

(2) x가 4의 배수이면 x는 12의 배수이다.

(3) 합동인 두 삼각형의 넓이는 같다.

(4) $x=2$ 이고 $y=3$이면 $xy=6$이다.

대치동 꿀팁 원래 명제와 그 명제의 대우 명제는 참, 거짓이 일치한다. 대우 명제를 어떻게 만드는지 연습해 보고 어떤 명제의 참, 거짓을 판단할 때 그냥 판단하는 것이 유리한지, 대우 명제를 사용해서 판단하는 것이 유리한지를 스스로 생각해 보자.

유제 17 다음 명제의 역, 대우를 쓰고 참, 거짓을 말하여라. (단, x, y는 실수이다.)

$xy=0$이면 $x=0$ 또는 $y=0$이다.

유제 18 다음 명제의 역, 대우를 쓰고 참, 거짓을 말하여라. (단 x, y는 실수이다.)

$x=2$이고 $y=3$이면 $x+y=5$이다.

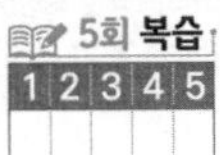

유제 19 다음 명제의 역, 대우를 쓰고 참, 거짓을 말하여라. (단 x, y는 실수이다.)

$x^2+y^2=0$이면 $x=0$이고 $y=0$이다.

필수예제 08 삼단논법

두 명제 $p \to q$와 $r \to \sim q$가 모두 참일 때, 다음 명제 중 반드시 참인 것을 모두 고른 것은?

ㄱ. $q \to \sim r$	ㄴ. $p \to \sim r$
ㄷ. $\sim r \to \sim p$	ㄹ. $\sim p \to r$

① ㄱ, ㄴ ② ㄱ, ㄹ ③ ㄷ, ㄹ
④ ㄴ, ㄷ, ㄹ ⑤ ㄱ, ㄴ, ㄷ, ㄹ

대치동 꿀팁 명제 $p \to q$가 참이고, $q \to r$이 참이면 $p \to r$이 참이다. 이를 「삼단논법」이라 한다. 또한 문제에서 명제가 주어지면 반드시 대우 명제도 함께 써놓고 삼단논법을 적용해 가능한 것들을 판단하도록 하자.

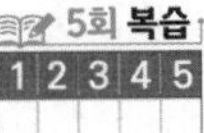

유제 20 세 조건 p, q, r에 대한 다음 추론 중 옳은 것은?

5회 복습 1 2 3 4 5

① $p \Rightarrow \sim q$, $r \Rightarrow q$이면 $p \Rightarrow \sim r$이다.

② $p \Rightarrow \sim q$, $\sim r \Rightarrow q$이면 $p \Rightarrow \sim r$이다.

③ $q \Rightarrow \sim p$, $\sim q \Rightarrow r$이면 $\sim p \Rightarrow r$이다.

④ $p \Rightarrow q$, $\sim r \Rightarrow \sim q$이면 $\sim p \Rightarrow r$이다.

⑤ $p \Rightarrow r$, $q \Rightarrow r$이면 $p \Leftrightarrow q$이다.

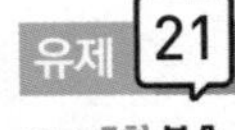

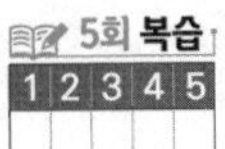

유제 21 세 조건 p, q, r의 진리집합이 각각 P, Q, R이고 $p \to q$, $q \to r$가 참일 때, 다음 보기 중 옳은 것을 모두 고른 것은? (단, P, Q, R는 전체집합 U의 부분집합이다.)

5회 복습 1 2 3 4 5

〈보기〉

㉠ $P^C \subset Q^C$ ㉡ $R^C \subset P^C$ ㉢ $Q^C \cup R = U$ ㉣ $Q - R \subset P^C$

① ㉠, ㉡ ② ㉠, ㉢ ③ ㉡, ㉣
④ ㉡, ㉢, ㉣ ⑤ ㉠, ㉡, ㉢, ㉣

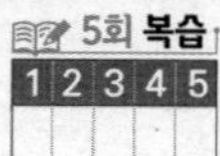

조건 p, q, r에 대한 다음 추론 중에서 옳은 것은?

① $p \Rightarrow \sim q$, $\sim r \Rightarrow q$이면 $p \Rightarrow \sim r$이다.

② $p \Rightarrow \sim q$, $r \Rightarrow q$이면 $p \Rightarrow \sim r$이다.

③ $q \Rightarrow \sim p$, $\sim q \Rightarrow r$이면 $\sim p \Rightarrow r$이다.

④ $p \Rightarrow q$, $\sim r \Rightarrow \sim q$이면 $\sim p \Rightarrow r$이다.

⑤ $p \Rightarrow r$, $q \Rightarrow r$이면 $p \Rightarrow q$이다.

필수예제 09 필요조건 / 충분조건 / 필요충분조건

x, y, z가 실수이고 A, B, C를 집합이라 할 때, 다음에서 조건 p는 조건 q이기 위한 어떤 조건인지 각각 구하시오.

(1) p : $xy=0$
　q : $xyz=0$

(2) p : $x+y$는 유리수이다.
　q : x, y는 모두 유리수이다.

(3) p : $A\cap(B\cap C)=A$
　q : $A\cup(B\cup C)=B\cup C$

집합 A, B, C에 대하여 p가 q이기 위한 필요충분조건인 것은?

① p : $(A\cap B)\subset(A\cup B)$
　q : $A=B$

② p : $A\cap(B\cap C)=A$
　q : $A\cup(B\cup C)=B\cup C$

③ p : $A\cup(B\cap C)=A$
　q : $A\cap(B\cup C)=B\cup C$

④ p : $A\cup B=A$
　q : $B=\varnothing$

⑤ p : $A\cup(B-A)=B$
　q : $A\subset B$

전체집합 U에서 정의된 두 조건 p, q의 진리집합을 각각 P, Q라고 하자. $\sim p$가 $\sim q$이기 위한 필요조건이지만 충분조건은 아닐 때, 다음 중 옳지 않은 것은?

① $Q^C\subset P^C$
② $P-Q=\varnothing$
③ $P\cup Q=Q$
④ $Q-P=\varnothing$
⑤ $P\cap Q=P$

대치동 꿀팁 명제가 참일 때 화살표가 출발하는 쪽의 조건을 「충분조건」이라고 한다. 반대로 화살표를 맞은 곳(화살을 맞아 피를 흘린다)의 조건을 「필요조건」이라고 한다. 또한 어떤 조건인지를 확인할 때는 조건들을 진리집합으로 생각하고 집합의 포함관계를 통해 확인하도록 해야 한다. 가끔 원소가 많으면 필요조건, 적으면 충분조건으로 기억하는 학생들이 있는데 이는 잘못된 생각이다. 만일 포함관계가 없다면 원소가 많든 적든 아무 조건도 아니라는 사실을 주의해야 한다.

유제 23 다음 중 p는 q이기 위한 필요조건이지만 충분조건이 <u>아닌</u> 것을 모두 고르면? (단, a, b는 실수) (정답 2개)

5회 복습 | 1 | 2 | 3 | 4 | 5 |

① $p: a=b$　　$q: a^2=b^2$

② $p: a<0$이고 $b>0$　　$q: ab<0$

③ $p: a+b>2$　　$q: a>1$이고 $b>1$

④ $p: a^2-5a=0$　　$q: a=0$ 또는 $a=5$

⑤ $p: a<1$　　$q: a^2<1$

유제 24 전체집합 U에서 정의된 두 조건 p, q의 진리집합을 각각 P, Q라고 하자. q가 $\sim p$이기 위한 충분조건이지만 필요조건은 아닐 때, 다음 중 옳은 것은?

① $P \cup Q = P$ ② $P \cap Q = P$ ③ $P \cup Q^C = U$

④ $P \cap Q^C = \varnothing$ ⑤ $P \cap Q = \varnothing$

유제 25 두 조건 p, q를 만족하는 집합을 각각 $P=\{x \mid x \geq a\}$, $Q=\{x \mid -1 \leq x \leq 2,\ x \geq 4\}$라 하자. p가 q이기 위한 필요조건일 때, 상수 a의 최댓값은?

① 3 ② 2 ③ 1

④ -1 ⑤ -2

내신기출 맛보기

정답 및 해설 20p

01 2021년 청담고 기출 변형 ★☆☆

다음 중 명제인 것은?

① $2-x=3$

② 수학을 잘하면 천재이다.

③ $'x=4'$는 명제다.

④ -1000은 작은 수이다.

⑤ 학생들은 어리다.

02 2021년 세종고 기출 변형 ★☆☆

조건 $p: |x| \leq 2$, $q: x \leq a$ 또는 $x > b$에 대하여 명제 $p \rightarrow \sim q$가 참일 때, a의 최댓값과 b의 최솟값을 구하면? (단, a, b는 $a < b$인 정수이다.)

① a의 최댓값 : -2, b의 최솟값 : 2

② a의 최댓값 : -2, b의 최솟값 : 3

③ a의 최댓값 : -3, b의 최솟값 : 2

④ a의 최댓값 : -3, b의 최솟값 : 4

⑤ a의 최댓값 : -4, b의 최솟값 : 4

03 2021년 휘문고 기출 변형 ★★☆

실수 전체의 집합에 대하여 명제 '어떤 실수 x에 대하여 $-x^2-4x+k \geq 0$이다.'의 부정이 참이 되도록 하는 정수 k의 최댓값은?

① -1 ② -2 ③ -3

④ -4 ⑤ -5

04 2021년 중산고 기출 변형 ★☆☆

전체집합 $U=\{x \mid x$는 정수$\}$에 대하여 두 조건 p, q가

$p : x \geq 2$
$q : (x+2)(x-4) \geq 0$

일 때, 조건 'p 그리고 $\sim q$'의 진리집합의 원소의 개수는?

① 1　② 2　③ 3　④ 4　⑤ 5

05 2021년 서초고 기출 변형 ★★☆

조건 p, q에 대하여 (　　)안에 알맞은 말을 차례대로 적은 것은? (단, x, y는 실수이다.)

(가) p : x또는 y는 무리수, q : $x+y$는 무리수 일 때, p는 q이기 위한 (　　) 조건이다.
(나) p : $1 < x < 2$, q : $x^2-3x+2 \geq 0$ 일 때, p는 $\sim q$이기 위한 (　　) 조건이다.
(다) p : $x=y$, q : $x^2=y^2$ 일 때, p는 q이기 위한 (　　) 조건이다.

① 필요, 충분, 필요충분　② 충분, 필요충분, 필요　③ 필요, 필요충분, 충분
④ 필요, 충분, 충분　⑤ 충분, 필요, 필요충분

06 2021년 경기여고 기출 변형 ★★☆

세 조건 p, q, r의 진리집합을 각각 $P=\{2\}$, $Q=\{3, b\}$, $R=\{a, a+b\}$라 하자. p는 q이기 위한 충분조건이고, r는 p이기 위한 필요조건일 때 $a+b$의 최댓값은? (단, a, b는 실수이다.)

① 1　② 2　③ 3　④ 4　⑤ 5

07 2021년 은광여고 기출 변형 ★★★

세 조건 p, q, r의 진리집합을 각각 P, Q, R이라 하자. 세 집합 P, Q, R이 $(P\cap Q)\cup(Q^C\cap R)=\varnothing$ 이 성립할 때, 〈보기〉에서 옳은 것만을 있는 대로 고른 것은?

〈보기〉

ㄱ. $P\cap Q=\varnothing$

ㄴ. r은 q이기 위한 충분조건이다.

ㄷ. $\sim r$은 q이기 위한 필요조건이다.

① ㄱ ② ㄱ, ㄴ ③ ㄱ, ㄷ
④ ㄴ, ㄷ ⑤ ㄱ, ㄴ, ㄷ

08 2021년 영동고 기출 변형 ★★★

다음은 명제 '자연수 n에 대하여 n^2이 짝수이면 n도 짝수이다.'를 증명하는 과정이다.

〈증명〉

주어진 명제의 대우는 '자연수 n에 대하여 n이 홀수이면 n^2이 홀수이다.' 이다.

n이 홀수이면 $n=\boxed{f(k)}$ (k는 자연수)로 나타낼 수 있으므로

$n^2=\boxed{\{f(k)\}^2}=2\times\boxed{g(k)}+1$

이때, $\boxed{g(k)}$는 0이상의 정수이므로 n^2은 홀수이다.

따라서 주어진 명제의 대우가 참이므로 주어진 명제도 참이다.

위의 $f(k)$, $g(k)$에 대하여 $f(2)+g(2)$의 값은?

① 5 ② 7 ③ 9
④ 11 ⑤ 13

›› Ⅴ 집합과 명제

절대부등식

1 명제의 증명

THEME1. 정의와 정리

THEME2. 증명법

2 절대부등식

THEME1. 대소관계

THEME2. 절대부등식

THEME3. 산술평균, 기하평균, 조화평균 (교육과정 外)의 관계

THEME4. 코시 - 슈바르츠의 부등식

THEME5. 이차부등식과 절대부등식

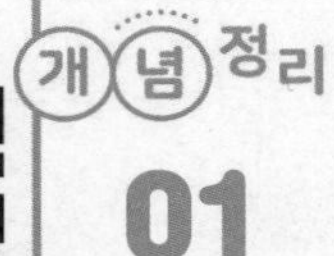

명제의 증명

THEME 1 정의와 정리

명제의 참, 거짓을 판별할 때에는 명제에 포함된 용어의 뜻을 알아야 한다.
우선 용어의 뜻을 간결하고 명확하게 정한 문장을 그 용어의 『**정의**』라고 한다.

다음의 정의들은 반드시 기억하도록 하자.
정삼각형 : 세 변의 길이가 모두 같은 삼각형
이등변삼각형 : 두 변의 길이가 같은 삼각형
예각삼각형 : 세 내각이 모두 예각인 삼각형
직각삼각형 : 한 내각의 크기가 직각인 삼각형
둔각삼각형 : 한 내각의 크기가 둔각인 삼각형
정사각형 : 네 각이 모두 직각이고, 네 변의 길이가 모두 같은 사각형
직사각형 : 네 각이 모두 직각인 사각형
사다리꼴 : 마주보는 한 쌍의 변이 서로 평행인 사각형
평행사변형 : 마주 보는 두 쌍의 변이 서로 평행인 사각형
마름모 : 네 변의 길이가 모두 같은 사각형

명제의 가정으로부터 정의 또는 이미 옳다고 밝혀진 성질을 근거로 하여 결론을 논리적으로 이끌어 내어 그 명제가 참임을 설명하는 과정을 『**증명**』이라고 한다.
또, 피타고라스 정리와 같이 참임이 증명된 명제 중에서 기본이 되는 것을 『**정리**』라고 한다.

정리의 예

삼각형의 세 내각의 크기의 합은 $180°$ 이다.
정삼각형의 한 내각의 크기는 $60°$ 이다.
이등변삼각형의 두 밑각의 크기는 같다.

THEME 2 증명법

(1) 직접증명법

명제의 가정에서 출발하여 논리적으로 전개하여 결론에 도달하는 방법

직접증명법

명제가 참임을 증명할 때에는 다음과 같은 순서를 따르면 편리하다.

❶ 무엇을 증명해야 하는지를 파악하고, 주어진 명제를 가정과 결론으로 나눈다.

❷ 가정에 알맞은 그림을 그리고 기호를 붙인다.

❸ 정의, 이미 알고 있는 옳은 사실, 밝혀진 성질 등을 이용하여 가정에서 결론을 이끌어 낸다.

(2) 간접증명법

직접증명법으로 증명하기 어렵거나 복잡할 때에는 직접 증명하지 않고 우회적인 방법으로 결론을 이끌어 내는 간접증명법을 이용한다. 간접증명법에는 여러 가지가 있지만 그 중에서 다음 2가지 방법이 많이 사용된다.

간접증명법

❶ 대우를 이용한 증명법 : 주어진 명제의 대우가 참임을 보임으로써 그 명제가 참임을 보이는 방법

- 보통 부정의 의미가 강한 조건문들로 이루어진 명제, '그리고'의 의미보다 '또는'의 의미가 강한명제에서 자주 쓰임.

❷ 귀류법 : 주어진 명제의 결론을 부정하여 명제의 가정이나 이미 알려진 사실에 모순됨을 보임으로써 그 명제가 참임을 보이는 방법 - 보통 유리수, 무리수, 배수, 약수 등을 증명할 때 쓰임.

보기

자연수 n에 대하여 다음 명제가 참임을 증명하여라.

'n^2이 짝수이면 n도 짝수이다.'

(증명) 주어진 명제의 대우는 'n이 홀수이면 n^2도 홀수이다.'이다.

n이 홀수이면 $n=2k+1$(k는 0 또는 자연수) 로 나타낼 수 있으므로

$n^2=(2k+1)^2=4k^2+4k+1=2(2k^2+2k)+1$ 이때 $2k^2+2k$는 0 또는 자연수이므로 n^2은 홀수이다.

따라서 주어진 명제의 대우가 참이므로 주어진 명제도 참이다.

보기

다음 명제가 참임을 증명하여라.

'$xy \neq 0$이면, $x \neq 0$이고 $y \neq 0$이다.'

(증명) 주어진 명제의 대우는 '$x=0$ 또는 $y=0$이면, $xy=0$이다.'이다.

$x=0$, $y=b\,(b \neq 0)$인 경우 $xy=0$,

$x=a\,(a \neq 0)$, $y=0$인 경우 $xy=0$,

마지막으로 $x=0$, $y=0$인 경우 $xy=0$이다.

따라서 주어진 명제의 대우가 참이므로 주어진 명제도 참이다.

보기

$\sqrt{2}$ 는 무리수임을 증명하여라.

(증명) $\sqrt{2}$ 가 무리수가 아니라고 가정하자.

그러면 $\sqrt{2}$ 는 유리수이므로 서로소인 두 자연수 m, n에 대하여 $\sqrt{2}=\frac{n}{m}$ 으로 나타낼 수 있다.

즉, $n=\sqrt{2}m$이고 양변을 제곱하면 $n^2=2m^2$. 이때 n^2이 짝수이므로 n도 짝수이다.

따라서 $n=2k$ (k는 자연수)로 나타낼 수 있으므로 $4k^2=2m^2$, 즉, $2k^2=m^2$

이때 m^2이 짝수이므로 m도 짝수이다. 따라서 m, n이 모두 짝수이므로 m, n이 서로소라는 가정에 모순이다.

그러므로 $\sqrt{2}$ 는 무리수이다.

보기

다음 명제가 참임을 증명하여라.
'가장 큰 자연수는 존재하지 않는다.'

(증명) 가장 큰 자연수가 존재한다고 하고, 이 자연수를 m이라고 하자.

모든 자연수 n에 대하여 $n<n+1$이므로 $m<m+1$이다.

이때 $m+1$은 자연수이므로 m이 가장 큰 자연수라는 가정에 모순이다. 따라서 명제 '가장 큰 자연수는 존재하지 않는다.'는 참이다.

02 절대부등식

THEME 1 대소관계

두 실수 또는 두 식의 대소를 판정할 때에는 여러 가지 방법을 이용하지만 그 기본은 다음 세 가지이다.

대소비교

(1) P 에서 Q 를 빼어 본다. (두 수 또는 두 식의 대소를 비교할 때)

$P-Q>0 \Leftrightarrow P>Q$, $P-Q<0 \Leftrightarrow P<Q$, $P-Q=0 \Leftrightarrow P=Q$

(2) P^2 에서 Q^2 을 빼어 본다. (근호나 절댓값 기호를 포함한 경우)

$P>0$, $Q>0$ 일 때, $P^2-Q^2>0 \Leftrightarrow P>Q$

(3) P, Q의 비를 구해 본다. → 나누어 본다. (큰 수나 비가 간단히 정리되는 경우)

$P>0$, $Q>0$ 일 때, $\dfrac{P}{Q}>1 \Leftrightarrow P>Q$, $\dfrac{P}{Q}<1 \Leftrightarrow P<Q$, $\dfrac{P}{Q}=1 \Leftrightarrow P=Q$

cf) (2)에서 $P>0$, $Q>0$일 때, $P^2-Q^2>0 \Leftrightarrow (P+Q)(P-Q)>0 \Leftrightarrow P-Q>0 \Leftrightarrow P>Q$ 이다.

곧, $P>0$, $Q>0$일 때, $P^2>Q^2 \Leftrightarrow P>Q$ 이다.

보기

$a>b$, $x>y$일 때, 다음 두 식의 대소를 비교하여라.

$2(ax+by)$, $(a+b)(x+y)$

$2(ax+by)-(a+b)(x+y)=ax-ay-bx+by$

$=a(x-y)-b(x-y)=(a-b)(x-y)>0$

$\therefore 2(ax+by)>(a+b)(x+y)$

보기

$a>0,\ b>0$일 때, 다음 두 식의 대소를 비교하여라.

$\sqrt{2(a+b)},\quad \sqrt{a}+\sqrt{b}$

$(\sqrt{2(a+b)})^2-(\sqrt{a}+\sqrt{b})^2=2(a+b)-(a+2\sqrt{ab}+b)$

$=a-2\sqrt{ab}+b=(\sqrt{a}-\sqrt{b})^2\geq 0$

곧, $(\sqrt{2(a+b)})^2-(\sqrt{a}+\sqrt{b})^2\geq 0$이다. 그런데 $\sqrt{2(a+b)}>0,\ \sqrt{a}+\sqrt{b}>0$이므로

$\sqrt{2(a+b)}\geq\sqrt{a}+\sqrt{b}$ (단, 등호는 $a=b$일 때 성립)

보기

3^{30}과 10^{15}의 대소를 비교하여라.

$\frac{3^{30}}{10^{15}}=\frac{(3^2)^{15}}{10^{15}}=\left(\frac{3^2}{10}\right)^{15}=\left(\frac{9}{10}\right)^{15}<1\quad\therefore 3^{30}<10^{15}$

THEME 2 절대부등식

부등식 $x^2-1<0$은 $-1<x<1$일 때에는 성립하지만 $x\leq-1$ 또는 $x\geq1$일 때에는 성립하지 않는다.

이처럼 특정한 범위의 실수 x의 값에 대해서만 성립하는 부등식을 『조건부등식』이라 한다.

반면에 $x^2+2>0$ 과 같은 부등식은 x에 어떤 실수를 대입해도 항상 성립한다. 이와 같이 부등식의 문자에 어떤 실수를 대입해도 항상 성립하는 부등식을 『절대부등식』이라고 한다.

절대부등식에서 그것이 항상 성립함을 보이는 것을 부등식을 증명한다고 말한다.

기본적인 절대부등식은 다음과 같다. 문제 해결에 자주 이용하므로 공식처럼 기억해 두는 것이 좋다.

기본적인 절대부등식

임의의 실수 a, b에 대하여

1. a, b 의 양, 0, 음에 관계없이
   (1) $a > b \Leftrightarrow a-b > 0$
   (2) $a^2 \geq 0$, $a^2+b^2 \geq 0$
   (3) $a^2+b^2=0 \Leftrightarrow |a|+|b|=0 \Leftrightarrow a=0$, $b=0$
   (4) $|a| \geq a$, $|a|^2=a^2$, $|a|\,|b|=|ab|$, $\dfrac{|a|}{|b|}=\left|\dfrac{a}{b}\right|$ (단, $b \neq 0$)
   (5) $|a+b| \leq |a|+|b|$, $|a|-|b| \leq |a-b|$ (증명은 양변을 확실한 양수로 만든 후 제곱해 보면 된다.)
   (6) $a > b \Leftrightarrow a^3 > b^3$

2. $a > 0$, $b > 0$일 때, $a > b \Leftrightarrow a^2 > b^2 \Leftrightarrow \sqrt{a} > \sqrt{b}$

3. a, b, c가 실수일 때,
   (1) $a^2 \pm 2ab+b^2 \geq 0$ (단, 등호는 $a=\mp b$일 때, 성립, 복부호동순)
   (2) $a^2+b^2+c^2-ab-bc-ca \geq 0$ (단, 등호는 $a=b=c$ 일 때 성립)

(3)의 증명은 x가 실수이면 $x^2 \geq 0$ (단, 등호는 $x=0$일 때 성립)을 이용한다.

1. $a^2 \pm 2ab+b^2=(a \pm b)^2 \geq 0$ (등호는 $a=\mp b$ 일 때 성립, 복부호동순)
2. $a^2+b^2+c^2-ab-bc-ca=\dfrac{1}{2}(2a^2+2b^2+2c^2-2ab-2bc-2ca)$

$$=\frac{1}{2}\{(a^2-2ab+b^2)+(b^2-2bc+c^2)+(c^2-2ca+a^2)\}=\frac{1}{2}\{(a-b)^2+(b-c)^2+(c-a)^2\}$$

그런데 a, b, c 는 실수이므로 $(a-b)^2 \geq 0, (b-c)^2 \geq 0, (c-a)^2 \geq 0$

$\therefore a^2+b^2+c^2-ab-bc-ca \geq 0$이고, 등호는 $a-b=0, b-c=0, c-a=0$. 곧, $a=b=c$ 일 때 성립한다.

이와 같이 등호도 포함하는 부등식의 경우는 등호가 성립하는 조건도 반드시 밝혀야 한다.

THEME 3 산술평균, 기하평균 , 조화평균(교육과정 外)의 관계

두 양수 a 와 b 에 대하여 $\frac{a+b}{2}$, $\sqrt{ab}$, $\frac{2ab}{a+b}$ 를 각각 산술평균, 기하평균, 조화평균이라고 한다.

산술, 기하, 조화평균의 대소

두 양수 a, b 의 산술평균, 기하평균, 조화평균 사이에는

$$\frac{a+b}{2} \geq \sqrt{ab} \geq \frac{2ab}{a+b}$$

인 관계가 성립한다. (단, 등호는 $a=b$ 일 때 성립한다.)

cf) 세 양수 a, b, c에 대해서도 $\frac{a+b+c}{3} \geq \sqrt[3]{abc}$ 인 관계가 성립한다. (단, 등호는 $a=b=c$ 일 때 성립한다.)

cf) 조화평균은 교육과정 밖이므로 산술평균과 기하평균의 대소인 $\frac{a+b}{2} \geq \sqrt{ab}$ 만 생각해도 된다.

산술-기하평균을 의심해 봐야 하는 경우

❶ 두 수가 양수라는 조건하에 합이 일정하거나, 곱이 일정한 경우
❷ 두 수가 양수라는 조건하에 역수관계임이 보이는 경우

보기

$x>0,\ y>0$ 이고 $x+y=10$ 일 때, xy 의 최댓값을 구하여라.

합이 일정하므로 산술-기하평균을 적용시켜보면 $\frac{x+y}{2} \geq \sqrt{xy}$ 에서

$x+y=10$ 을 대입하면 $\frac{10}{2} \geq \sqrt{xy}$

양변을 제곱하면 $25 \geq xy$ (단, 등호는 $x=y=5$ 일 때 성립)
따라서 xy 의 최댓값 25

보기

a, b가 양수일 때, $\frac{b}{a}+\frac{a}{b}\geq 2$임을 보이시오.

a, b가 양수이므로 $\frac{b}{a}$와 $\frac{a}{b}$는 양수이며 서로 역수 관계이므로

산술-기하평균을 적용시켜보면

$\frac{a}{b}+\frac{b}{a}\geq 2\sqrt{\frac{a}{b}\cdot\frac{b}{a}}=2$ (단, 등호는 $\frac{a}{b}=\frac{b}{a}$ 즉, $a=b$일 때 성립)

THEME 4 코시-슈바르츠의 부등식

a, b, c, x, y, z 가 실수일 때

① $(a^2+b^2)(x^2+y^2)\geq(ax+by)^2$ (단, 등호는 $\frac{a}{x}=\frac{b}{y}$ 일 때 성립)

② $(a^2+b^2+c^2)(x^2+y^2+z^2)\geq(ax+by+cz)^2$ (단, 등호는 $\frac{a}{x}=\frac{b}{y}=\frac{c}{z}$ 일 때 성립)

보기

x, y 가 실수이고 $x^2+y^2=9$ 일 때, $3x+4y$ 의 최댓값과 최솟값을 구하여라.

$(a^2+b^2)(x^2+y^2)\geq(ax+by)^2$ 에 $x^2+y^2=9$, $a=3$, $b=4$ 를 대입하면

$(3^2+4^2)\times 9\geq(3x+4y)^2$ $\quad\therefore\ -15\leq 3x+4y\leq 15$

따라서 $4x=3y$ 일 때, 곧 $x=\pm\frac{9}{5}$, $y=\pm\frac{12}{5}$ (복부호동순)일 때, $3x+4y$ 의 최댓값 15, 최솟값 -15

THEME 5 이차부등식과 절대부등식

이차부등식 $x^2+2x+2>0$ 이 x에 관한 절대부등식임을 증명할 때에는 완전제곱식을 이용하여 다음과 같이 증명하면 된다. $x^2+2x+2=(x+1)^2+1$에서 $(x+1)^2 \geq 0$ 이므로 $(x+1)^2+1>0$
$\therefore\ x^2+2x+2>0$

또, $ax^2+2x+2>0$ 이 x 에 관한 절대부등식이 되기 위한 a 의 조건을 찾을 때에도 위와 같이 완전제곱식을 이용할 수 있다.

그러나 이런 경우에는 앞에서 공부한 모든 실수 x 에 대하여
$ax^2+bx+c>0\ (a\neq 0) \Leftrightarrow a>0$ 이고 $D=b^2-4ac<0$을 이용하는 것이 편할 때도 있다.
즉, $ax^2+2x+2>0$ 이 x에 관한 절대부등식이려면 $a>0$ 이고 $D/4=1-2a<0 \quad \therefore\ a>\frac{1}{2}$

보기

$x^2+2ax+4>0$ 이 x 에 관한 절대부등식이 되도록 실수 a 의 값의 범위를 정하여라.

(완전제곱식 이용)
$x^2+2ax+4=(x+a)^2-a^2+4$ 에서 $(x+a)^2 \geq 0$ 이므로 $-a^2+4>0$
$\therefore\ a^2-4<0 \quad \therefore\ -2<a<2$

(판별식 이용)
$D/4=a^2-4<0$ 에서 $-2<a<2$

정답 및 해설 21p

필수예제 01 증명

다음은 명제 '자연수 n에 대하여 n^2이 3의 배수이면 n도 3의 배수이다.'가 참임을 증명한 것이다. (가), (나)에 알맞은 수의 합을 구하여라.

〈증명〉

n이 3의 배수가 아니라고 하면
n은 $3k+1$ 또는 $3k+2(k=0, 1, 2, ...)$ 중의 하나이다.
(i) $n=3k+1$일 때 $n^2=(3k+1)^2=3(3k^2+2k)+$ (가)
(ii) $n=3k+2$일 때 $n^2=(3k+2)^2=3(3k^2+4k+1)+$ (나)
즉, n^2은 3의 배수가 아니다.
따라서 주어진 명제의 대우가 참이므로 주어진 명제도 참이다.

대치동 꿀팁 바로 증명하기 애매한 명제를 만나면 대우를 이용해 증명하는 것을 추천한다. 보통 부정의 의미가 많이 들어간 명제의 경우 대우를 이용하면 쉬운 명제로 바뀔 수 있다는 사실! 또한 수학문제에서 증명은 많이 나오지 않는 부분이라 증명하는 방법 전체를 기억하기보다는 다음의 필수예제처럼 빈칸을 잘 채워 넣는 연습에 좀더 신경 쓰도록 하자. 너무 부담 갖지 말기를..

유제 01 다음은 자연수 n에 대하여 'n^2이 홀수이면 n도 홀수이다.'를 증명하는 과정이다.

〈증명〉

n이 (가) 라고 가정하면
$n=2k$ (k는 자연수)로 나타낼 수 있으므로
$n^2=(2k)^2=4k^2=2($ (나) $)$
즉, n^2은 (다) 의 배수이므로 (라) 이다.
따라서 주어진 명제의 (마) 가 참이므로 주어진 명제도 참이다.

위의 증명에서 (가)~(마) 에 알맞은 것을 잘못 연결한 것은?

① (가) : 짝수 ② (나) : k^2 ③ (다) : 2
④ (라) : 짝수 ⑤ (마) : 대우

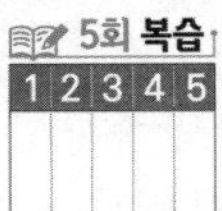

다음은 $\sqrt{2}$가 무리수임을 증명하는 과정이다. (가), (나), (다)에 알맞은 것을 각각 써넣어라.

〈증명〉

$\sqrt{2}$가 무리수가 아니라고 하면 $\sqrt{2}$는 [(가)] 이므로

$\sqrt{2}=\dfrac{n}{m}$ (m, n은 서로소인 자연수)이라 하면 $n^2=2m^2$ ……㉠

이때 n^2이 [(나)] 이므로 n도 [(나)] 이다.

따라서 $n=2k$ (k는 자연수)로 놓을 수 있으므로 $n^2=4k^2=2(2k^2)$ ……㉡

㉠, ㉡에서 $2(2k^2)=2m^2$, $m^2=2k^2$ 즉, m^2은 [(다)] 이고 m도 [(다)] 이다.

이것은 m, n이 서로소라는 가정에 모순이다. 다시 말하면 $\sqrt{2}$를 $\dfrac{n}{m}$으로 놓을 수 없으며 이것은 $\sqrt{2}$가 유리수가 될 수 없음을 뜻한다. 따라서 $\sqrt{2}$는 무리수이다.

필수예제 02 대소비교

$0 < a < \frac{1}{2}$ 일 때, 세 수 $\frac{1}{a}$, $\frac{1}{1-a}$, $\frac{a}{1+a}$ 의 대소를 비교하여라.

$a > 0,\ b > 0$일 때, 다음 두 식의 대소를 비교하여라.

$\sqrt{2(a+b)}$, $\sqrt{a}+\sqrt{b}$

부등식 $4^{20} > n^{10}$을 만족하는 자연수 n의 최댓값은?

① 9 ② 11
③ 13 ④ 15
⑤ 17

대치동 꿀팁 숫자나 식의 대소를 비교할 때는 빼서 비교 하는 방법, 나누어서비교하는 방법이 가장 흔히 사용된다. 또한 분수의 형태인 경우는 역수를 이용해 비교하면 생각보다 쉽고, $\sqrt{\ }$ 가 보이면 제곱을 통해 $\sqrt{\ }$ 를 제거시키고 비교해보면 쉽게 비교가 될 것이다.

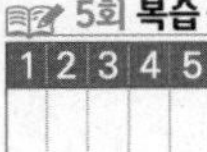

유제 03 $1 < a < 2$ 일 때, $\frac{1}{a}$, $\frac{1}{2-a}$, $\frac{a}{2+a}$ 의 대소 관계를 바르게 나타낸 것은?

5회 복습 | 1 | 2 | 3 | 4 | 5 |

① $\frac{1}{2-a} < \frac{1}{a} < \frac{a}{2+a}$

② $\frac{a}{2+a} < \frac{1}{a} < \frac{1}{2-a}$

③ $\frac{a}{2+a} < \frac{1}{2-a} < \frac{1}{a}$

④ $\frac{1}{a} < \frac{1}{2-a} < \frac{a}{2+a}$

⑤ $\frac{1}{a} < \frac{a}{2+a} < \frac{1}{2-a}$

유제 04 다음 중 세 수 $A = \sqrt{4}+\sqrt{5}$, $B = \sqrt{3}+\sqrt{6}$, $C = \sqrt{2}+\sqrt{7}$ 의 대소 관계를 바르게 나타낸 것은?

5회 복습 | 1 | 2 | 3 | 4 | 5 |

① $A < B < C$ ② $A < C < B$ ③ $B < A < C$
④ $C < A < B$ ⑤ $C < B < A$

다음은 실수 a, b에 대하여 부등식 $|a|+|b| \geq |a+b|$가 성립함을 증명하는 과정이다.

〈증명〉

$(|a|+|b|)^2-|a+b|^2$

$=(|a|^2+2|a||b|+|b|^2)-($ (가) $)=2($ (나) $)\geq 0$

따라서 $(|a|+|b|)^2 \geq |a+b|^2$이므로 $|a|+|b| \geq |a+b|$

(단, 등호는 ab (다) 0일 때 성립한다.)

위의 증명 과정에서 (가), (나), (다) 에 들어가야 할 기호나 식을 차례로 나열하시오.

필수예제 03 절대부등식이 되기 위한 조건

부등식 $(a+1)x^2-(a+1)x+2>0$ 이 항상 성립하도록 하는 실수 a의 값의 범위는?

① $a \geq -1$
② $-1<a \leq 7$
③ $-1 \leq a<7$
④ $-1<a<7$
⑤ $a<1$ 또는 $a>7$

대치동 꿀팁 일반적으로 항상 성립하는 부등식이 되기 위한 조건은 함수로 해석하는 것이 좋다. (다만 이차식의 형태라고 해서 꼭 이차부등식일 필요는 없기 때문에 문제에서 부등식이라고 했는지, 이차부등식이라고 정확히 이야기했는지를 판단하고 주의해야 하겠다.) 만약 부등식이라는 말만 있다면 이차항의 계수가 0이 되는 경우를 마지막에 조사해 봐야 한다는 것에 주의하자!

유제 06

5회 복습 1 2 3 4 5

x에 대한 부등식 $(k-2)x^2+2(k-2)x+3>0$이 항상 성립하기 위한 정수 k의 개수는?

① 1　② 2　③ 3　④ 4　⑤ 5

유제 07

x에 대한 이차부등식 $(k-1)x^2-2(k-1)x+1 \geq 0$이 모든 실수 x에 대하여 성립할 때, 실수 k의 값의 범위는?

① $1 \leq k \leq 2$
② $1<k \leq 2$
③ $k<1$ 또는 $k \geq 2$
④ $k \geq 1$ 또는 $k \geq 2$
⑤ $k \geq 2$

유제 08

모든 실수 x에 대하여 $ax^2+5ax+1$의 값이 항상 $2(2ax+1)$의 값보다 작도록 하는 실수 a의 값의 범위를 구하여라.

필수예제 04 산술기하평균

양수 a, b에 대하여 다음 〈보기〉 중 항상 옳은 것을 모두 고른 것은?

〈보기〉

㉠ $a+\frac{1}{a}\geq 2$　　㉡ $b+\frac{6}{b}\geq 6$

㉢ $\frac{b}{2a}+\frac{8a}{b}\geq 4$

① ㉠　② ㉡
③ ㉠, ㉡　④ ㉠, ㉢
⑤ ㉠, ㉡, ㉢

양수 a, b에 대하여 $a^2+4b^2=8$일 때, ab의 최댓값을 M, 그 때의 a, b값을 각각 α, β라 할 때 $M+\alpha+\beta$의 값을 구하시오.

대치동 꿀팁 산술-기하 평균을 이용해 부등식을 증명하는 경우에는 꼭 산술-기하 평균의 용도를 기억하자. 사용하는 두 수(또는 식)가 양수라는 조건이 있고 그 수의 합이 일정하거나 곱이 일정한 경우에 사용해야 한다. 또한 역수의 형태로 수(또는 식)가 주어진 경우 곱이 일정하다는 사실을 기억해야 한다. 곱의 값이 직접적으로 언급되지 않아도 그 값이 일정하다는 것을 스스로 판단해야 한다. 또한 a, b만을 이용해 산술-기하 평균을 생각하지 말고 a^2, b^2등을 이용해서도 산술-기하 평균을 사용할 수 있음을 기억하자.

유제 09 양수 x, y에 대하여 $xy=2$ 일 때, $3x+4y$의 최솟값은?

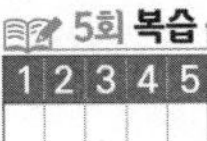

5회 복습 1 2 3 4 5

① $-4\sqrt{6}$　② $-2\sqrt{6}$　③ $2\sqrt{6}$
④ $3\sqrt{6}$　⑤ $4\sqrt{6}$

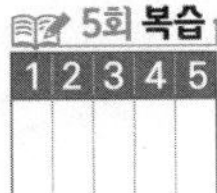

유제 10 양수 a, b에 대하여 $a+b=6$ 일 때, $2ab$의 최댓값은?

5회 복습 1 2 3 4 5

① 4　② 6　③ 9　④ 18　⑤ 32

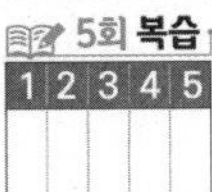

유제 11 양수 a, b에 대하여 $a+2b=8$일 때, ab의 값이 최대가 되도록 하는 a, b의 값을 각각 α, β라 하자. 이때, $\alpha-\beta$의 값은?

5회 복습 1 2 3 4 5

① -2　② -1　③ 0　④ 1　⑤ 2

필수예제 05 산술기하평균 - 전개

$a>0$, $b>0$일 때, $\left(a+\dfrac{8}{b}\right)\left(b+\dfrac{2}{a}\right)$의 최솟값을 구하여라.

대치동 꿀팁 항상 그런 것은 아니지만 합 또는 곱이 일정하지 않은 경우에는 산술-기하 평균이 큰 힘을 발휘하지 못한다. 만약 잘 사용했다고 생각한 산술-기하 평균이 일정한 상숫값을 만들어 내지 못한다면 원래식을 변형(필수예제의 경우 전개해야 함)해서 사용 가능하도록 해야 한다.

유제 12 5회 복습 1 2 3 4 5

양수 x, y에 대하여 $\left(x+\dfrac{4}{y}\right)\left(4y+\dfrac{1}{x}\right)$의 최솟값은?

① 6 ② 8 ③ 10
④ 12 ⑤ 25

유제 13

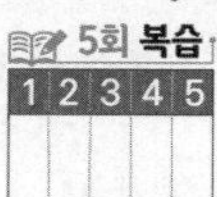

$a>0$일 때, $\left(a-\dfrac{1}{a}\right)\left(a-\dfrac{4}{a}\right)$가 최소가 되도록 하는 a의 값을 구하여라.

유제 14

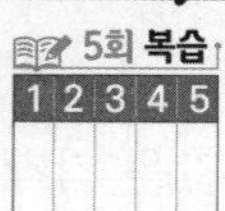

$x>0$, $y>0$, $x+3y=1$일 때, $\dfrac{9}{x}+\dfrac{1}{3y}$의 최솟값을 구하여라.

필수예제 06 산술기하평균 - 식 변형

$a>1$일 때, $a+\dfrac{4}{a-1}$의 최솟값을 구하여라.

$x>2$일 때 $4x+1+\dfrac{9}{x-2}$의 최솟값을 구하시오.

대치동 꿀팁 분수의 형태가 보이는 경우 산술-기하 평균을 이용해 최대 또는 최솟값을 구할 수 있다. 이때, 완벽한 역수의 관계가 아니라면 식 변형(필수예제의 경우 어떤 수를 더하고 다시 빼주는 과정을 통해 역수의 관계를 만들어 보자)을 진행해야 하고 웬만하면 분모에 있는 식은 변형하지 않도록 하자. 나중에 치환을 통해 분모를 변형할 수도 있지만, 이 문제들의 경우 굳이 치환과 같은 고급스킬을 사용할 필요까지는 없겠다.

유제 15 5회 복습 1 2 3 4 5

$x>2$일 때, $x+\dfrac{4}{x-2}+3$은 $x=a$에서 최솟값이 b이다. $a+b$의 값을 구하시오.

유제 16 5회 복습 1 2 3 4 5

$x\neq 2$인 실수 x 에 대하여 $x^2-4x+\dfrac{1}{(x-2)^2}$의 최솟값은?

① -4 ② -2 ③ 0 ④ 2 ⑤ 4

유제 17 5회 복습 1 2 3 4 5

$x>-1$일 때, $\dfrac{x^2+4x+7}{x+1}$의 최솟값은?

① 2 ② 4 ③ 6 ④ 8 ⑤ 10

필수예제 07 산술기하평균 - 응용

$x>0$, $y>0$ 이고 $3x+2y=10$일 때, $\sqrt{3x}+\sqrt{2y}$ 의 최댓값을 구하여라.

어떤 농부가 길이가 $200m$ 인 줄을 이용하여 오른쪽 그림과 같이 밭의 구획을 나누어 농사를 짓고자 한다. 밭 전체의 넓이를 최대로 하는 바깥 직사각형의 가로, 세로의 길이 중 짧은 것은 몇 m인지 구하여라.

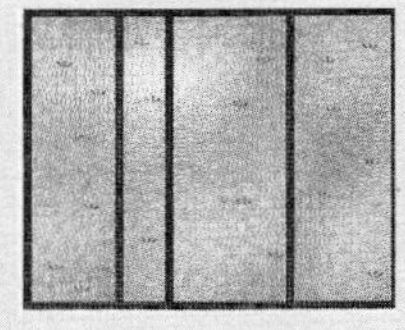

대치동 꿀팁 $\sqrt{\ }$가 보이면 $\sqrt{\ }$ 앞의 부호를 확인하는 습관을 갖자. $\sqrt{\ }$ 앞의 부호가 일반적으로 +인 경우가 대부분인데 이때는 양수이므로 제곱을 통해 최댓값과 최솟값을 구할 수 있다는 사실을 기억하자. 양수라는 것이 불확실하다면 제곱을 통해서는 최댓값과 최솟값을 구할 수 없다는 사실을 주의해야 한다.

유제 18 $a>0$, $b>0$ 이고 $a+2b=5$ 일 때, $\sqrt{a}+\sqrt{2b}$ 의 최댓값을 구하여라.

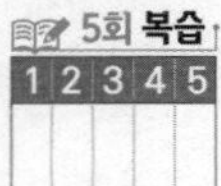

유제 19 어느 농가에서 그림과 같이 바깥쪽으로 벽을 쌓고, 안쪽에 2개의 칸막이를 설치하여 세 칸의 공간을 갖는 직사각형 모양의 우리를 만들려고 한다. 벽은 $1m$당 5만원, 칸막이는 $1m$당 2만원의 비용이 든다고 할 때, 넓이가 $35m^2$인 우리를 만드는데 드는 비용의 최솟값은?

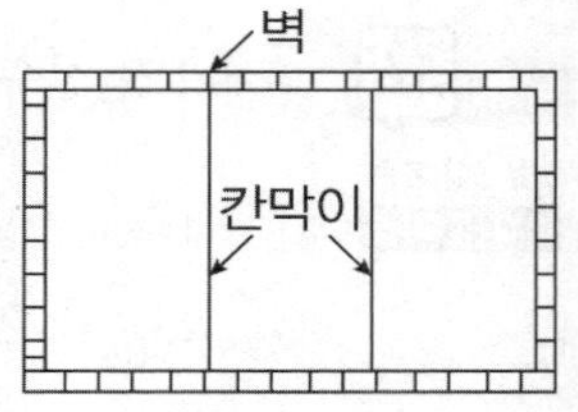

① 100만원 ② 110만원 ③ 120만원
④ 130만원 ⑤ 140만원

유제 20 $x>0$, $y>0$, $4x+2y=9$일 때, $2\sqrt{x}+\sqrt{2y}$ 의 최댓값을 구하여라.

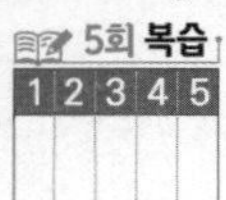

필수예제 08 코시-슈바르츠의 부등식

x, y가 실수이고 $x^2+y^2=4$일 때, $3x+4y$의 최댓값을 구하여라.

실수 x, y, z에 대하여 $x^2+y^2+z^2=1$일 때, $x-2y+2z$의 최댓값과 최솟값의 차이를 구하여라.

대치동 꿀팁 코시-슈바르츠의 부등식에서 우리가 찾아야 할 식의 형태는 '일차결합'이다. 일차결합으로 표현된 식의 최댓값 또는 최솟값을 구하는 문제에서는 코시-슈바르츠의 부등식을 떠올려야 한다. 물론 문제에서 주어진 정보를 보고 어떻게 일차결합이 이루어져 있는가를 판단해야 한다.

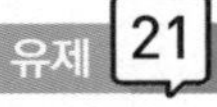

유제 21 $a^2+b^2=4$, $x^2+y^2=9$일 때, $ax+by$의 최댓값과 최솟값의 합은? (단, a, b, x, y 는 실수)

5회 복습 | 1 2 3 4 5

① 0 ② 2 ③ 4 ④ 6 ⑤ 8

유제 22 임의의 실수 a, b에 대하여 $a+2b=5$일 때, a^2+b^2의 최솟값은?

① 2 ② 5 ③ 7 ④ 10 ⑤ 25

유제 23 $a \geq 0$, $b \geq 0$, $c \geq 0$이고 $a+b+c=29$일 때, $2\sqrt{a}+3\sqrt{b}+4\sqrt{c}$의 최댓값은?

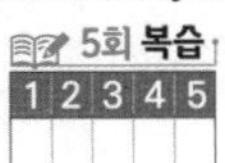

① 0 ② 7 ③ 14 ④ 21 ⑤ 29

내신기출 맛보기

정답 및 해설 26p

01 2021년 진선여고 기출 변형 ★★☆

실수 a, b, c에 대하여 항상 성립하는 부등식을 〈보기〉에서 있는 대로 고른 것은?

〈보기〉

ㄱ. $a^2+a+1 \geq 0$

ㄴ. $-a^2-b^2 \leq 2ab \leq a^2+b^2$

ㄷ. $a^2+b^2+c^2 \leq ab+bc+ca$

① ㄱ ② ㄷ ③ ㄱ, ㄴ
④ ㄴ, ㄷ ⑤ ㄱ, ㄴ, ㄷ

02 2021년 동덕여고 기출 변형 ★★☆

다음 〈보기〉에서 절대부등식의 개수는? (단, a, b는 실수)

〈보기〉

ㄱ. $4a-1 \leq 4a$

ㄴ. $a^2+\frac{1}{4}>a$

ㄷ. $|a|+|b| \geq |a+b|$

ㄹ. $|a-b| \leq |a|-|b|$

① 0 ② 1 ③ 2
④ 3 ⑤ 4

03 2021년 개포고 기출 변형 ★★☆

$a>0$, $b>0$, $c>0$, $d>0$이고 $a^2+b^2=4$, $c^2+d^2=16$일 때, $ab+cd$의 최댓값은?

① 10 ② 11 ③ 12
④ 13 ⑤ 14

04 2021년 경기고 기출 변형 ★★☆

양의 실수 x, y가 $x^2+\frac{y^2}{4}=1$을 만족시킬 때, $(2x+y)^2$의 최댓값은?

① 8 ② 12 ③ 16
④ 20 ⑤ 24

05 2021년 세종고 기출 변형 ★★☆

$a>0$, $b>0$, $c>0$일 때, $(a+b+c)\left(\frac{1}{a+b}+\frac{1}{c}\right)$의 최솟값은?

① 3 ② 4 ③ 5
④ 6 ⑤ 7

06 2021년 휘문고 기출 변형 ★☆☆

$x>1$인 실수 x에 대하여 $x+\frac{4}{x-1}$는 $x=a$일 때, 최솟값 b를 갖는다. 두 실수 a, b에 대하여 $a+b$의 값을 구하시오.

07 2020년 경기고 기출 변형 ★★☆

$x > 0$일 때, $\dfrac{x}{x^2+3x+1}$의 최댓값은?

① $\dfrac{1}{5}$　　② $\dfrac{1}{6}$　　③ $\dfrac{1}{7}$

④ $\dfrac{1}{8}$　　⑤ $\dfrac{1}{9}$

08 2021년 세종고 기출 변형 ★☆☆

실수 x, y에 대하여 $x^2+y^2=13$일 때, $2x+3y$의 최댓값은?

① 2　　② 3　　③ $\sqrt{13}$

④ $2\sqrt{13}$　　⑤ 13

MEMO

Ⅵ

함수

함수

1 함수

THEME1. 대응과 함수
THEME2. 함숫값
THEME3. 서로 같은 함수
THEME4. 함수의 그래프

2 함수의 종류

THEME1. 여러 가지 함수
THEME2. 함수의 개수

3 합성함수

THEME1. 합성함수의 정의
THEME2. 합성함수의 성질
THEME3. 합성함수의 추정

4 역함수

THEME1. 역함수의 정의
THEME2. 역함수가 존재하기 위한 조건
THEME3. 역함수의 성질
THEME4. 역함수를 구하는 방법
THEME5. 역함수의 그래프의 성질

5 절댓값 함수

THEME1. $y=a|x|$
THEME2. 절댓값을 포함한 함수의 그래프 대표 유형
THEME3. 그 밖의 유형

개념정리

01 함수

THEME 1 대응과 함수

(1) 대응

어떤 관계에 의하여 집합 X의 원소 x에 집합 Y의 원소 y가 짝지어지는 것을 집합 X에서 집합 Y로의 대응이라 하고, 기호로 $x \rightarrow y$와 같이 나타낸다.

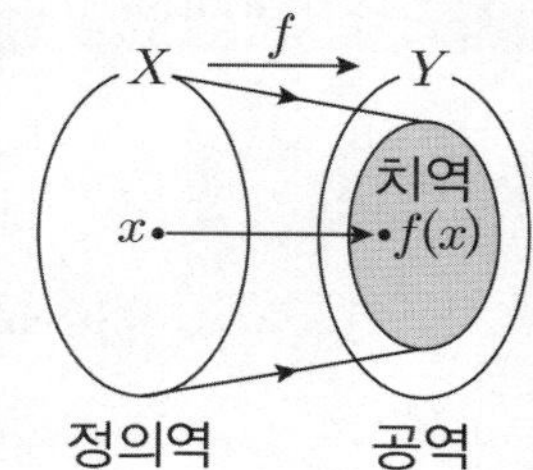

(2) 함수

두 집합 X, Y에 대하여 집합 X의 각 원소에 집합 Y의 원소가 오직 하나씩만 대응하는 관계를 집합 X에서 집합 Y로의 함수라 하고, 기호로 $f: X \rightarrow Y$ 또는 $X \xrightarrow{f} Y$와 같이 나타낸다.

cf) 함수를 나타내는 기호로, 흔히 함수를 뜻하는 'function'의 첫 글자 'f'와 f 다음의 알파벳인 g, h 등을 사용한다.

보기

그림과 같은 대응은 함수를 나타낸다. 이때, 정의역, 공역, 치역을 구해보면 다음과 같다.

(1) 정의역 : $X = \{1, 2, 3\}$
(2) 공역 : $Y = \{a, b, c, d\}$
(3) 치역 : $\{a, b, c\}$

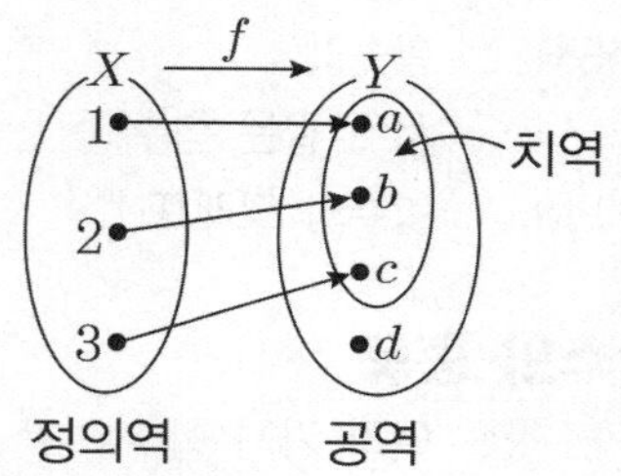

THEME 2 함숫값

(1) 함숫값

함수 $f: X \rightarrow Y$에서 정의역 X의 원소 x에 공역 Y의 원소 y가 대응할 때 이것을 기호로 $y = f(x)$와 같이 나타내고, $f(x)$를 함수 f에 대한 x의 함숫값이라고 한다.

(2) 함숫값 구하기

① 함수 $f(x)$에서 $f(k)$의 값 구하기
⇒ x 대신 k를 대입한다.

② 함수 $f(ax+b)$에서 $f(k)$ 값 구하기
⇒ $ax+b=k$를 만족하는 x의 값을 구하여 x 대신 그 수를 대입한다.

③ $f(x+y)=f(x)+f(y)$ 또는 $f(x+y)=f(x)f(y)$의 조건이 주어졌을 때, $f(a)$의 값 구하기
⇒ 적당한 x, y의 값을 대입하여 $f(a)$의 값을 구한다.

THEME 3 서로 같은 함수

정의역과 공역이 각각 같은 두 함수 $f: X \to Y$, $g: X \to Y$가 정의역 X의 모든 원소 x에 대하여 $f(x)=g(x)$일 때, 두 함수 f와 g는 서로 같다고 하며, 이것을 기호로 $f=g$ 와 같이 나타낸다.

보기

정의역과 공역이 집합 $X=\{-1, 0, 1\}$인 두 함수 $f: X \to X$, $g: X \to X$에 대하여 $f(x)=|x|$, $g(x)=x^2$으로 정의하면 $f(-1)=g(-1)=1$, $f(0)=g(0)=0$, $f(1)=g(1)=1$이므로 두 함수 f와 g는 서로 같다. 즉, $f=g$이다.

THEME 4 함수의 그래프

함수 $f: X \to Y$에서 정의역 X의 원소 x와 이에 대응하는 함숫값 $f(x)$의 순서쌍 전체의 집합 $G=\{(x, f(x)) \mid x \in X\}$를 함수 f의 그래프라고 한다. 이때 정의역의 원소에 공역의 원소는 두 개 이상 대응하지 않으므로 함수의 그래프는 정의역의 각 원소 a에 대하여 직선 $x=a$와 오직 한 점에서 만난다.

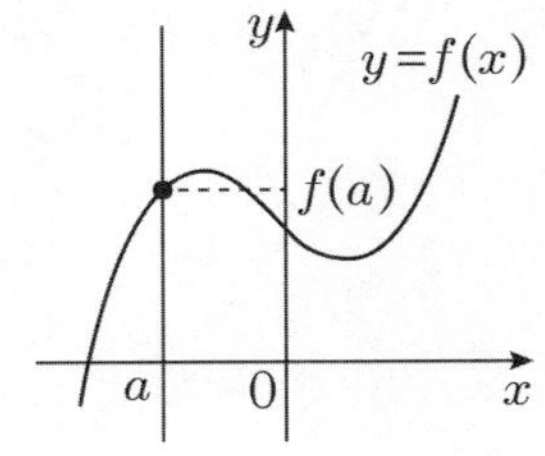

순서쌍 $(x, f(x))$는 좌표평면 위의 점 $(x, f(x))$에 대응하므로 그래프 G를 점의 집합으로 생각하여 좌표평면 위에 나타낼 수 있다.

보기

정의역이 $\{-1,\ 0,\ 1,\ 2\}$인 함수 $f(x)=x+2$의 그래프를 좌표평면 위에 나타내면 [그림 1]과 같고, 정의역이 실수 전체의 집합인 함수 $g(x)=x+2$의 그래프를 좌표평면 위에 나타내면 [그림 2]와 같다.

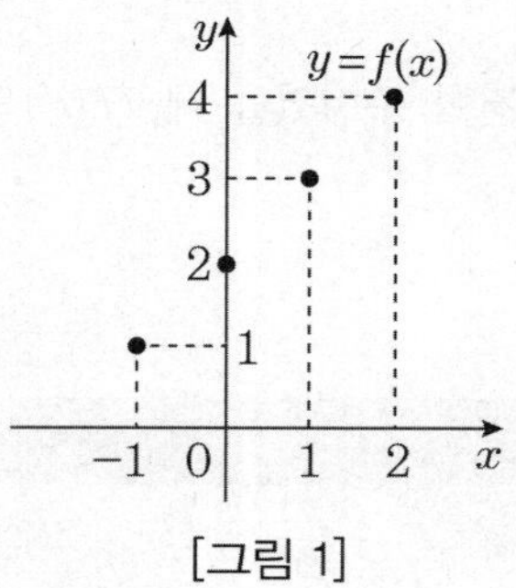

[그림 1]

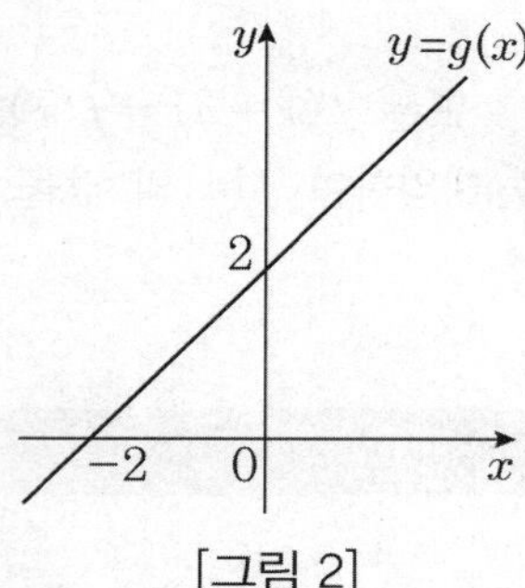

[그림 2]

함수의 종류

THEME 1 여러 가지 함수

(1) 일대일 함수

함수 $f : X \rightarrow Y$에서 정의역 X의 임의의 두 원소 x_1, x_2에 대하여 $x_1 \neq x_2$이면 $f(x_1) \neq f(x_2)$가 성립할 때, 이 함수 f를 일대일 함수라고 한다.

(2) 일대일 대응

일대일 함수 $f : X \rightarrow Y$에서 치역과 공역이 같으면 이 함수 f를 일대일 대응이라고 한다. 즉, 일대일 대응 $f : X \rightarrow Y$는 다음을 만족한다.

(ⅰ) x_1, $x_2 \in X$에 대하여 $x_1 \neq x_2$이면 $f(x_1) \neq f(x_2)$, (ⅱ) 치역과 공역이 같다.

(3) 항등함수

함수 $f : X \rightarrow Y$ 에서 $f(x) = x$ $(x \in X)$

항등함수를 영어로 "identity function"이라 하고 기호로 I와 같이 나타낸다. 또한, 항등함수는 일대일 대응이다.

(4) 상수함수

함수 $f : X \rightarrow Y$ 에서 $f(x) = c$ $(x \in X,\ c \in Y,\ c$는 상수$)$

(1) 일대일 함수

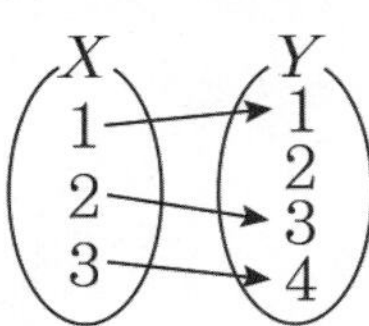

(2) 일대일 대응

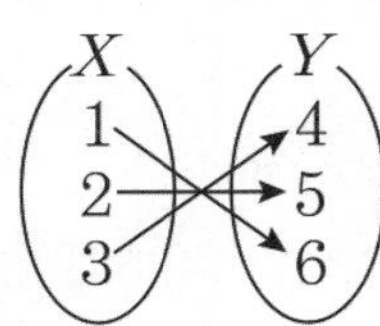

(3) 항등함수

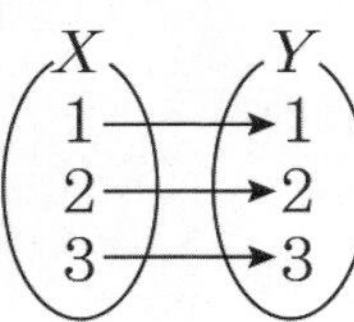

(4) 상수함수

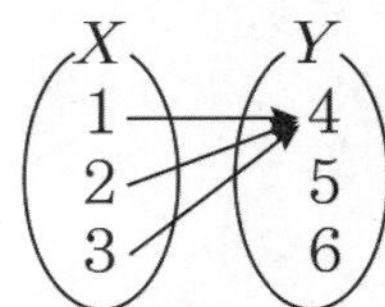

THEME 2 함수의 개수

집합 X의 원소의 개수가 m, 집합 Y의 원소의 개수가 n일 때,

(1) X에서 Y로의 함수의 개수 ➡ n^m(개)

(2) X에서 Y로의 일대일 함수의 개수 ➡ $n(n-1)(n-2)\cdots(n-m+1)$(개) (단, $n \geq m$)

(3) X에서 Y로의 일대일 대응의 개수 ➡ $n(n-1)(n-2)\cdots 2 \cdot 1$(개) (단, $m=n$)

(4) X에서 Y로의 상수함수의 개수 ➡ n(개)

보기

두 집합 $X=\{1,\ 2,\ 3\}$, $Y=\{a,\ b,\ c,\ d\}$에 대하여 집합 X에서 집합 Y로의 함수의 개수를 l, 이 함수 중 상수함수의 개수를 m, 일대일 함수의 개수를 n이라고 할 때, $l+m+n$의 값을 구하여라.

함수의 개수 : $l=4^3=64$(개)

상수함수의 개수 : $m=4$(개)

일대일 함수의 개수 : $n=4\times3\times2=24$(개)

$\therefore\ l+m+n=92$

합성함수

THEME 1 합성함수의 정의

세 집합 $X=\{1,\ 2,\ 3\}$, $Y=\{4,\ 5,\ 6\}$, $Z=\{7,\ 8,\ 9\}$에 대하여 두 함수 $f : X \to Y$, $g : Y \to Z$가 다음과 같이 주어졌다고 하자.

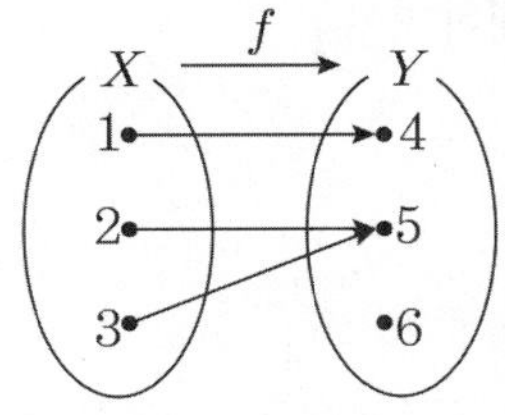

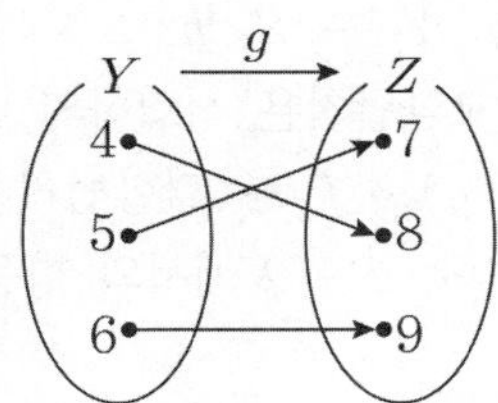

함수 f에 의하여 X의 원소 1에 Y의 원소 4가 대응하고, 또 함수 g에 의하여 Y의 원소 4에 Z의 원소 8이 대응한다. 따라서 f와 g에 의하여 X의 원소 1에 Z의 원소 8을 대응시킬 수 있다.

이와 같은 방법으로 X의 각 원소에 대하여 Z의 각 원소를 다음과 같이 대응시킬 수 있다.

$g(f(1))=g(4)=8$
$g(f(2))=g(5)=7$
$g(f(3))=g(5)=7$
이로부터 오른쪽과 같이 X의 각 원소에 대하여 Z의 원소가 하나씩 대응하는 X에서 Z로의 새로운 함수를 얻을 수 있다.

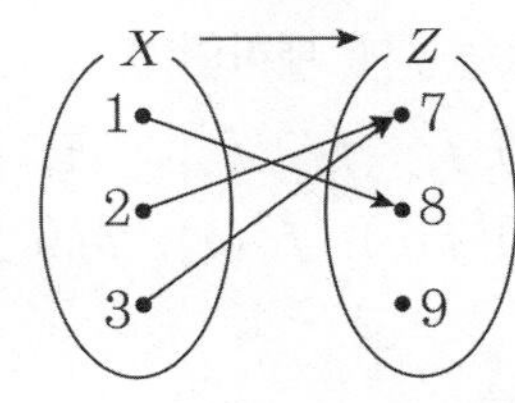

일반적으로 두 함수 $f : X \to Y$, $g : Y \to Z$에 대하여 X의 각 원소 x에 Z의 원소 $g(f(x))$를 대응시켜 X를 정의역, Z를 공역으로 하는 새로운 함수를 정의할 수 있다.
이 새로운 함수를 f와 g의 **합성함수**라 하고,
기호로 $g \circ f : X \to Z$와 같이 나타낸다.
즉 두 함수 $f : X \to Y$, $g : Y \to Z$의
합성함수 $g \circ f$는
$(g \circ f)(x)=g(f(x))$와 같이 정의한다.
(일반적으로 f의 치역이 g의 정의역의 부분집합이면
합성함수 $g \circ f$를 정의할 수 있다.)

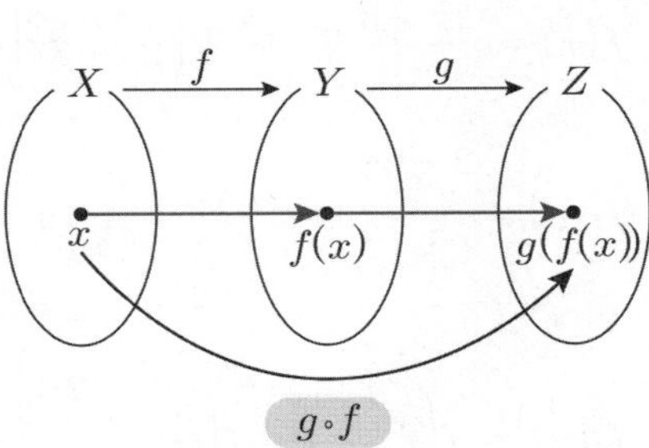

합성함수

두 함수 $f: X \to Y$, $g: Y \to Z$의 합성함수는
$g \circ f: X \to Z$, $(g \circ f)(x) = g(f(x))$

THEME 2 합성함수의 성질

세 함수 $f: X \to Y$, $g: Y \to Z$, $h: Z \to W$에 대하여
(1) $g \circ f \neq f \circ g$ ➡ 교환법칙은 성립하지 않는다.
(2) $h \circ (g \circ f) = (h \circ g) \circ f$ ➡ 결합법칙은 성립한다.
(3) $f \circ I = I \circ f = f$ (단, I는 X에서의 항등함수)

cf) $(g \circ f)(x) = g(f(x))$ ➡ 합성기호가 보이면 괄호로 바꿔서 표현하자!
$((h \circ g) \circ f)(x) = (h \circ (g \circ f))(x) = (h \circ g \circ f)(x) = h(g(f(x)))$

THEME 3 합성함수의 추정

함수 f에 대하여 $f^n = f^{n-1} \circ f$일 때, $f^n(a)$의 값 구하기
(1) f^2, f^3, f^4, $\cdots$를 직접 구하여 f^n을 추정한 다음, a의 값을 대입한다.
(2) $f(a)$, $f^2(a)$, $f^3(a)$, $f^4(a)$, $\cdots$에서 규칙을 찾아 $f^n(a)$의 값을 구한다.

보기

$f(x) = \dfrac{2x-3}{x-1}$일 때, $f\left(\dfrac{1}{2}\right) + f^2\left(\dfrac{1}{2}\right) + f^3\left(\dfrac{1}{2}\right) + \cdots + f^{100}\left(\dfrac{1}{2}\right)$를 구하여라.

$$f\left(\frac{1}{2}\right) = \frac{2\cdot\frac{1}{2} - 3}{\frac{1}{2} - 1} = \frac{-2}{-\frac{1}{2}} = 4 \quad \therefore\ f^2\left(\frac{1}{2}\right) = f\left(f\left(\frac{1}{2}\right)\right) = f(4) = \frac{2\cdot4-3}{4-1} = \frac{5}{3}$$

$$f^3\left(\frac{1}{2}\right) = f\left(f^2\left(\frac{1}{2}\right)\right) = f\left(\frac{5}{3}\right) = \frac{2\cdot\frac{5}{3} - 3}{\frac{5}{3} - 1} = \frac{\frac{1}{3}}{\frac{2}{3}} = \frac{1}{2}$$ 이므로

$f^{3k+1}\left(\frac{1}{2}\right)=4,\ f^{3k+2}\left(\frac{1}{2}\right)=\frac{5}{3},\ f^{3k}\left(\frac{1}{2}\right)=\frac{1}{2}$

$\therefore f\left(\frac{1}{2}\right)+f^{2}\left(\frac{1}{2}\right)+f^{3}\left(\frac{1}{2}\right)+\cdots+f^{100}\left(\frac{1}{2}\right)=33\cdot\left\{f\left(\frac{1}{2}\right)+f^{2}\left(\frac{1}{2}\right)+f^{3}\left(\frac{1}{2}\right)\right\}+f\left(\frac{1}{2}\right)$

$=33\cdot\left(4+\frac{5}{3}+\frac{1}{2}\right)+4=\frac{415}{2}$

역함수

THEME 1 역함수의 정의

함수 $f: X \to Y$가 일대일 대응일 때 Y의 각 원소 y에 대하여 $f(x)=y$인 X의 원소 x를 대응시키는 새로운 함수를 함수 f의 역함수라 하고

이것을 기호로 $f^{-1}: Y \to X$와 같이 나타낸다.

▶ $y=f(x) \Leftrightarrow x=f^{-1}(y)$

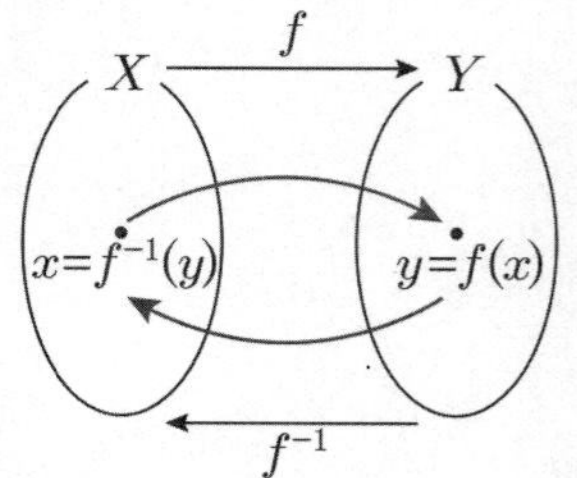

THEME 2 역함수가 존재하기 위한 조건

함수 f의 역함수 f^{-1}가 존재한다. ⇔ 함수 f는 일대일 대응이다 ⇔ 함수 f는 증가함수 또는 감소함수이다.

THEME 3 역함수의 성질

두 함수 $f: X \to Y$, $g: Y \to Z$가 일대일 대응이고, I는 항등함수일 때

① $f^{-1} \circ f = I$, $f \circ f^{-1} = I$

② $(f^{-1})^{-1} = f$

③ $f \circ g = I \Leftrightarrow f = g^{-1}$, $g \circ f = I \Leftrightarrow g = f^{-1}$

: 모든 실수 x에 대하여 $f(g(x))=x$를 만족할 때, 두 함수 $f(x)$와 $g(x)$는 서로 역함수 관계이다.

④ $(f \circ g)^{-1} \Leftrightarrow g^{-1} \circ f^{-1}$, $(f \circ g \circ h)^{-1} \Leftrightarrow h^{-1} \circ g^{-1} \circ f^{-1}$

THEME 4 역함수를 구하는 방법

(1) 주어진 함수 $y=f(x)$가 일대일 대응인지 확인한다.

(2) $y=f(x)$에서 x를 y에 대한 식으로 나타낸다. 즉, $x=f^{-1}(y)$의 꼴로 고친다.

(3) x와 y를 서로 바꾸어 $y=f^{-1}(x)$로 나타낸다. (x와 y를 바꾼다는 의미는 x의 역할과 y의 역할을 바꾼다는 뜻이다.)

⇒ 만일 함수의 정의역과 치역이 모든 실수가 아닐 경우 라면 x와 y를 서로 바꿀 때, 범위까지 함께 바꿔주도록 하자. 즉, (가령 $x>a$, $y>b$라면 역함수에서의 정의역과 치역은 $x>b$, $y>a$가 된다.)

보기

일차함수 $y=ax+b(a\neq 0)$의 역함수 구하기

(1) x를 y에 대한 식으로 나타낸다. ➡ $x=\frac{1}{a}y-\frac{b}{a}$

(2) x와 y를 서로 바꾼다. ➡ $\therefore y=\frac{1}{a}x-\frac{b}{a}$

THEME 5 역함수의 그래프의 성질

함수 $y=f(x)$와 그 역함수 $y=f^{-1}(x)$에 대하여

(1) 함수 $y=f(x)$의 그래프가 점$(a,\ b)$를 지나면 그 역함수 $y=f^{-1}(x)$의 그래프는 점$(b,\ a)$를 지난다.

(2) 함수 $y=f(x)$의 그래프와 그 역함수 $y=f^{-1}(x)$의 그래프의 교점은
함수 $y=f(x)$의 그래프와 직선 $y=x$의 교점과 같다.

cf) 함수 $y=f(x)$의 그래프와 그 역함수 $y=f^{-1}(x)$의 그래프의 교점이 항상 직선 $\boldsymbol{y=x}$위에만 존재하는 것은 아니다. 가령 함수 $y=f(x)$의 그래프가 (a,b)를 지나면서 동시에 (b,a)를 지나는 경우(시험에 거의 출제되진 않음)에는 $f(a)=b$에 의하여 $f^{-1}(b)=a$, $f(b)=a$에 의하여 $f^{-1}(a)=b$를 만족하므로 $f(a)=f^{-1}(a)$, $f(b)=f^{-1}(b)$가 성립하기 때문에 함수 $y=f(x)$의 그래프와 그 역함수 $y=f^{-1}(x)$의 그래프의 교점은 $(a,b),(b,a)$도 가능하다.

보기

함수 $y=f(x)$의 그래프와 직선 $y=x$가 오른쪽 그림과 같을 때,

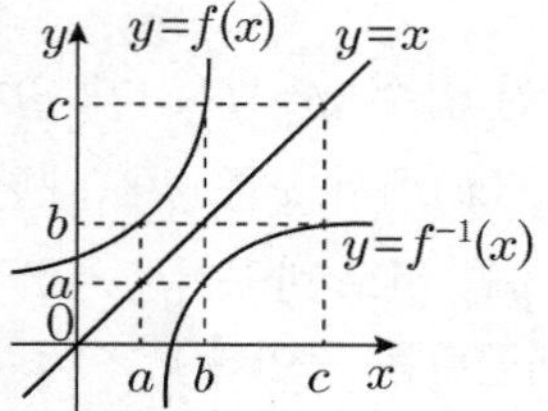

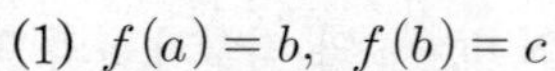

(1) $f(a)=b,\ f(b)=c$

(2) $(f\circ f)(a)=f(f(a))=f(b)=c$

(3) $f^{-1}(c)=b,\ f^{-1}(b)=a$

절댓값함수

일반적으로 절댓값 기호가 있는 식의 그래프를 그릴 때에는
절대값 안의 식을 $f(x)$라 할 때, $f(x) \geq 0$과 $f(x) < 0$ 의 두 경우로 나누어 생각한다.

THEME 1 $y=a|x|$

$y=a|x|$의 그래프

① $a>0$일 때,

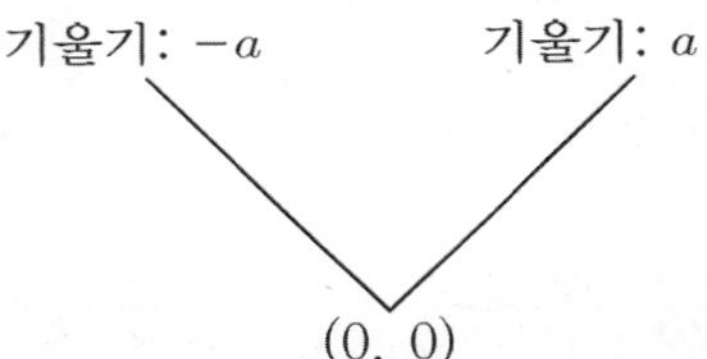

② $a<0$일 때,

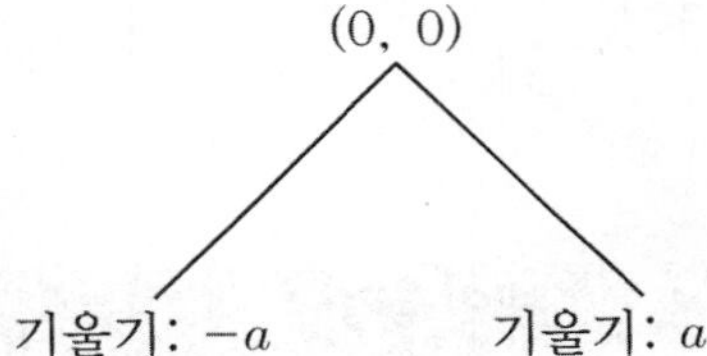

$y=a|x-m|+n$의 그래프 : $y=a|x|$의 그래프를 x축의 방향으로 m만큼, y축의 방향으로 n만큼 평행이동한 그래프

보기

$y=2|x-1|+3$의 그래프를 그려보자.

$\Rightarrow$ $y=2|x|$ 의 그래프를 x축의 방향으로 1만큼, y축의 방향으로 3만큼 평행이동

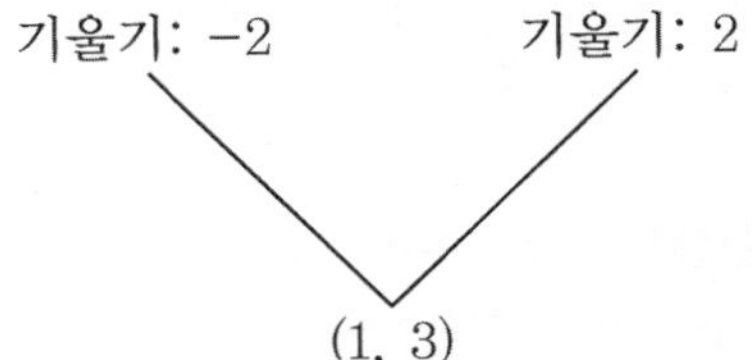

THEME 2 절댓값을 포함한 함수의 그래프 대표 유형

함수식에서 절댓값 기호가 포함된 식의 그래프

① $y=|f(x)|$: $y=f(x)$ 의 그래프에서 $y \geq 0$인 부분은 그대로 그리고, x축의 아랫부분($y<0$)을 x축에 대칭

② $y=f(|x|)$: $y=f(x)$ 의 그래프에서 $x \geq 0$인 부분은 그대로 그리고, $x<0$인 부분은 $x \geq 0$의 부분을 y축에 대칭 복사

③ $|y|=f(x)$: $y=f(x)$ 의 그래프에서 $y \geq 0$인 부분은 그대로 그리고, $y<0$인 부분은 $y \geq 0$의 부분을 x축에 대칭 복사

④ $|y|=f(|x|)$: $y=f(x)$ 의 그래프에서 $x \geq 0$, $y \geq 0$인 부분은 그대로 그리고, 나머지는 x축, y축, 원점에 대칭 복사

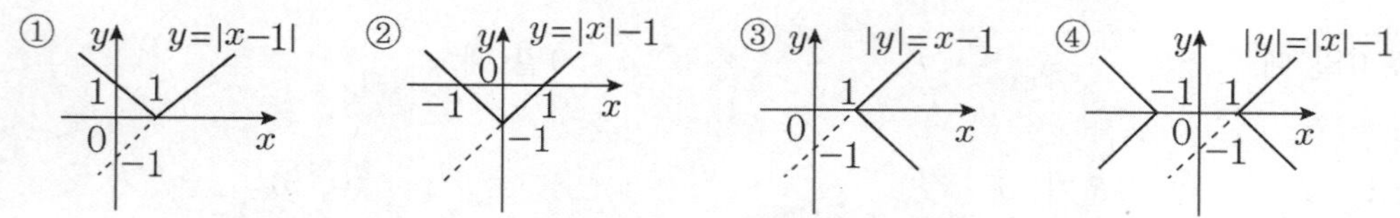

THEME 3 그 밖의 유형

THEME1, 2에서 공부한 절댓값 그래프외의 그 밖의 유형은 아쉽지만 약간의 노가다가 필요하다.
물론, $y=|x-1|+|x-2|+|x-3|$과 같은 그래프는

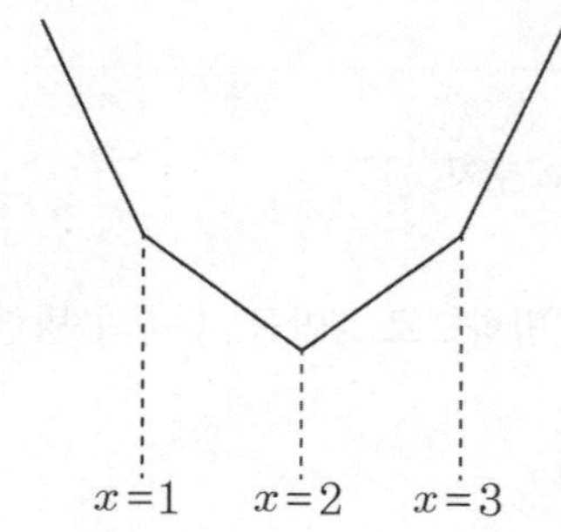

과 같이 그려진다는 것을 하나의 유형처럼 기억하는 방법도 있으나, 사실 이는 다음의 원리에 의해 그려지기 때문에 정확한 원리를 적용시켜 그래프를 그리는 연습을 해보도록 하자.
$y=|x-1|+|x-2|+|x-3|$에서 각각의 절댓값 기호 안에 있는 내용물이 0이 될 때를 생각해 보면,

$x=1$, $x=2$, $x=3$이 된다. 이제 이것들을 기준으로 x가 존재할 수 있는 영역을 범위로 나타내 보면 $x<1$, $1\le x<2$, $2\le x<3$, $3\le x$ 이고, 각각의 범위에 대하여 절댓값 기호를 해결해 보자.

① $x<1$: $|x-1|+|x-2|+|x-3|=1-x+2-x+3-x=6-3x$
② $1\le x<2$: $|x-1|+|x-2|+|x-3|=x-1+2-x+3-x=4-x$
③ $2\le x<3$: $|x-1|+|x-2|+|x-3|=x-1+x-2+3-x=x$
④ $3\le x$: $|x-1|+|x-2|+|x-3|=x-1+x-2+x-3=3x-6$

와 같이 절댓값 기호를 제거할 수 있고, 이를 직접 그래프로 나타내면 위와 같은 결과가 나옴을 확인할 수 있다.

정답 및 해설 28p

필수예제 01 함수의 조건

다음 대응 중 X에서 Y로의 함수인 것은?

① 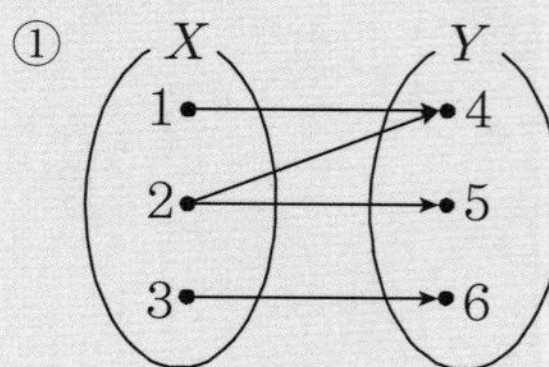

② 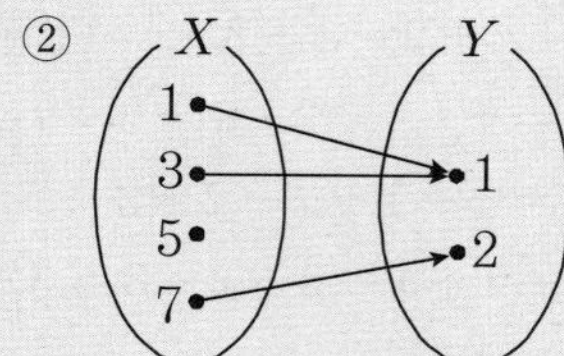

③ 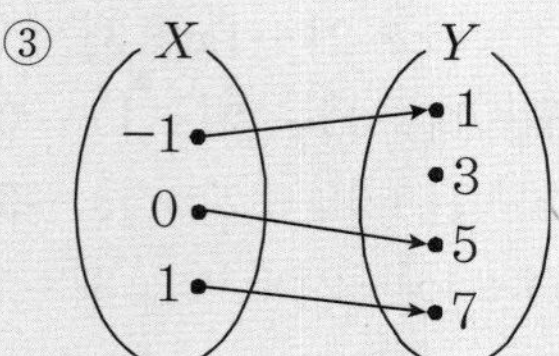

④ 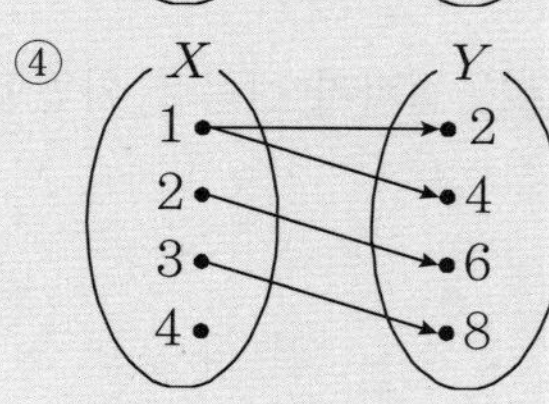

⑤ 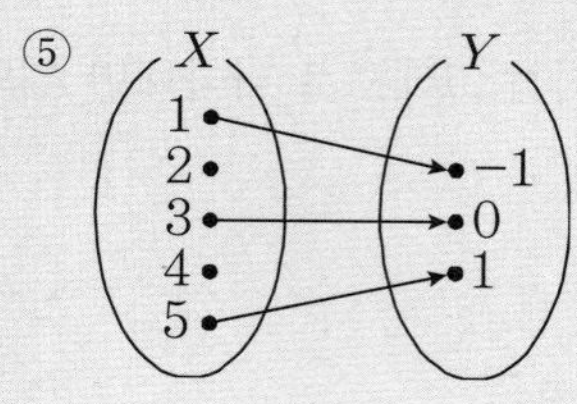

대치동 꿀팁 함수가 되기 위한 조건은 'ONE & ALL' 즉, 정의역의 원소가 각각 한발씩만 화살을 쏘고 모두 쏴야 한다. 공역의 원소들은 화살을 모두 맞을 필요는 없다. 그래프에서 함수인지를 빠르게 판단하고 싶으면 여러개의 세로선(|)을 그렸을 때 그래프가 세로선(|)과 언제나 한점에서 만나면 함수이다.

유제 01 다음 중 함수의 그래프가 아닌 것은?

5회 복습

1	2	3	4	5

① 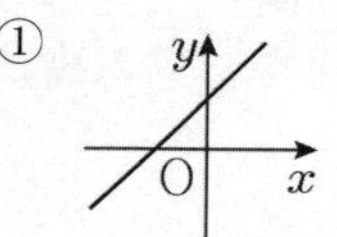

② 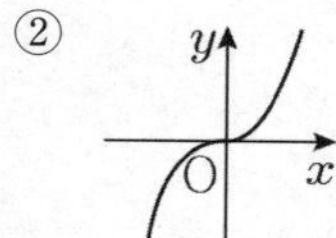

③ 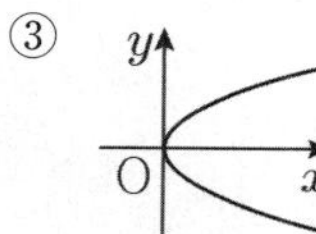

④ 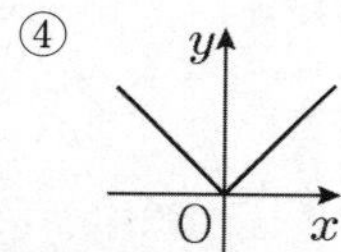

⑤ 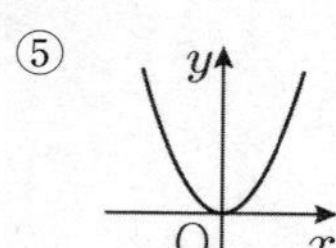

유제 02 다음 중 $X=\{-1,\ 1,\ 2\}$에서 $Y=\{1,\ 2,\ 3,\ 4\}$로의 함수가 될 수 없는 것은?

5회 복습

1	2	3	4	5

① $f(x)=x^2$　② $f(x)=x+2$

③ $f(x)=|x|$　④ $f(x)=x^2+1$

⑤ $f(x)=|x|+1$

필수예제 02 함수방정식

임의의 실수 x, y에 대하여 함수 $f(x)$가 $f(x+y)=f(x)f(y)$, $f(x)>0$을 만족하고, $f(1)=4$이다. 이때, $f(0)-f\left(\frac{1}{2}\right)+f(3)$의 값을 구하여라.

대치동 꿀팁 '임의의 실수=모든 실수' 즉, 주어진 함수방정식에 어떠한 실수를 대입해도 식은 성립한다. 일반적으로 x와 y에 모두 0을 집어넣는 것부터 시작해서 필요한 데이터를 하나씩 구해간다고 생각 해주자! 또한 상수만 대입할 수 있는 것이 아니라 y대신 $\frac{1}{x}$, $-x$, x^2등을 대입할 수 있다.

유제 03 5회 복습 1 2 3 4 5

임의의 양의 실수 x, y에 대하여 함수 $f(x)$가 $f(xy)=f(x)+f(y)$, $f(2)=1$을 만족할 때, $f\left(\frac{1}{4}\right)$의 값을 구하여라.

유제 04 5회 복습 1 2 3 4 5

임의의 양수 x, y에 대하여 항상 $f(xy)=f(x)+f(y)$인 관계가 성립한다. 다음 중 옳지 않은 것은?

① $f(1)=0$

② $f\left(\frac{1}{x}\right)=-f(x)$

③ $f\left(\frac{x}{y}\right)=f(x)-f(y)$

④ $f(x^2)=2f(x)$

⑤ $f(x^3)=f(3x)$

필수예제 03 서로 같은 함수

집합 $X=\{-1, 0, 1\}$ 에서 집합 X로의 함수 중 서로 같은 것을 모두 고르면?

〈보기〉

Ⅰ. $f(x)=x$　　Ⅱ. $g(x)=|x|$

Ⅲ. $h(x)=\sqrt{x^2}$　　Ⅳ. $k(x)=x^2$

① Ⅰ. Ⅱ　② Ⅰ. Ⅲ　③ Ⅱ, Ⅲ　④ Ⅲ, Ⅳ　⑤ Ⅱ, Ⅲ, Ⅳ

함수식이 다르다고 해서 다른 함수가 아니다! 식이 달라도 정의역에 따라 같은 함수가 될 수 있다. 정의역의 임의의 원소 a에 대하여 $f(a)=g(a)$이면 $f(x)$와 $g(x)$는 서로 같은 함수이다.

유제 05 집합 $X=\{-1, 0, 1\}$에서 집합 X로의 네 함수 f, g, h, k가 〈보기〉와 같을 때, 서로 같은 함수끼리 묶은 것은?

〈보기〉

ㄱ. $f(x)=x^2$　　ㄴ. $g(x)=x^3-2x$

ㄷ. $h(x)=-x$　　ㄹ. $k(x)=2|x|-1$

① ㄱ, ㄴ　② ㄱ, ㄹ　③ ㄴ, ㄷ　④ ㄴ, ㄹ　⑤ ㄷ, ㄹ

유제 06 두 집합 $X=\{1, 2\}$, $Y=\{y \mid y$는 모든 정수$\}$에 대하여 X에서 Y로의 두 함수 f, g가 $f(x)=x+1$, $g(x)=x^2+ax+b$이다. $f=g$일 때, 실수 a, b의 곱 ab의 값을 구하여라.

유제 07 실수를 원소로 갖는 집합 X가 정의역인 두 함수 $f(x)=x^2$, $g(x)=x^3-2x$에 대하여 두 함수 $f(x)$와 $g(x)$가 서로 같을 때, 집합 X의 개수를 구하여라. (단 $X \neq \varnothing$)

필수예제 04 함수의 종류

다음 〈보기〉의 함수 중에서 일대일 함수, 일대일 대응, 항등함수, 상수함수를 차례로 골라라.

〈보기〉

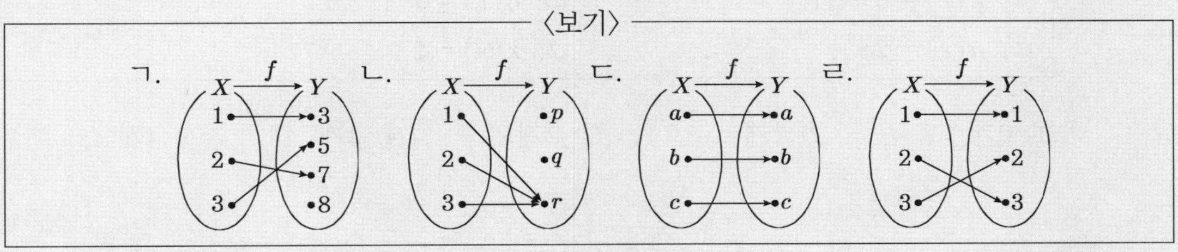

대치동 꿀팁 함수 중에 특별한 이름의 함수들이 있다. 이 단원에서는 일대일 함수, 일대일 대응, 항등함수, 상수함수가 어떤 함수인지를 정확히 알고 넘어가도록 하자. 일대일 함수와 일대일 대응은 '일대일 대응⊂일대일 함수'의 관계가 있고 일대일 함수 중에 '치역=공역'인 함수를 '일대일 대응'이라고 한다. 또한 항등함수도 일대일 함수이다.

유제 08 다음 중 함수의 그래프의 개수와 일대일 대응 그래프의 개수를 순서대로 적은 것은?

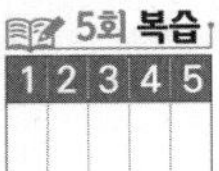

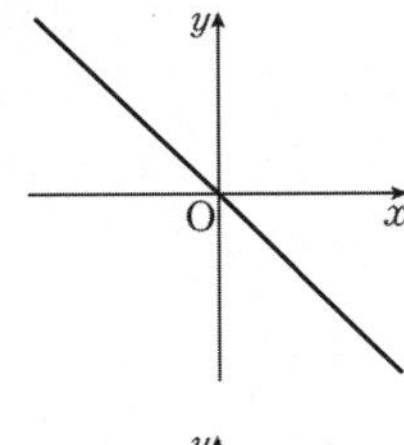

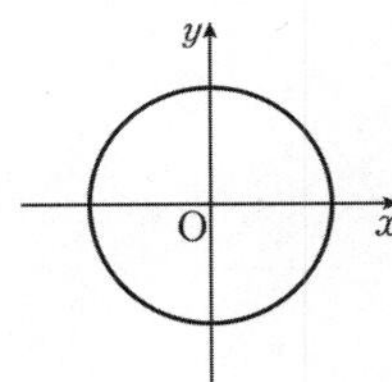

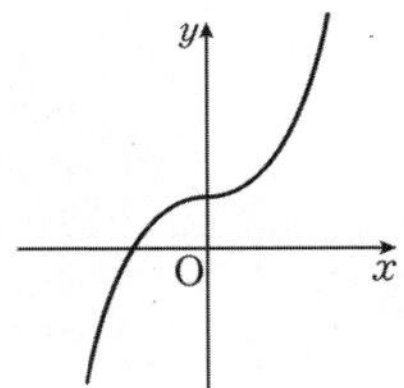

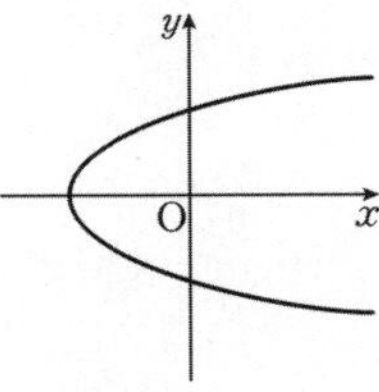

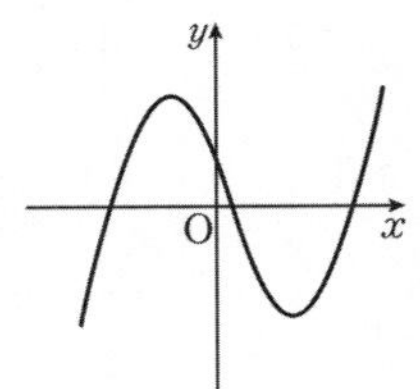

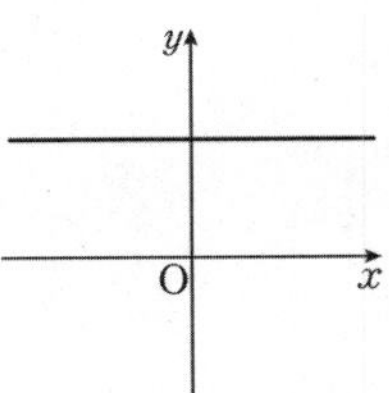

① 3, 3 ② 3, 2 ③ 4, 3 ④ 4, 2 ⑤ 5, 2

다음 〈보기〉의 함수 중 일대일 대응인 것의 개수는?

〈보기〉

ㄱ. $f(x)=3x-1$　　ㄴ. $g(x)=x^2$

ㄷ. $h(x)=2x^3$　　ㄹ. $k(x)=2$

① 0개　② 1개　③ 2개　④ 3개　⑤ 4개

필수예제 05 일대일 대응이기 위한 조건

집합 $X=\{x|-2 \le x \le 2\}$에서 집합 $Y=\{y|0 \le y \le 4\}$로의 함수 $f(x)=ax+b$가 일대일 대응일 때, ab의 값은? (단, $a>0$)

① 1 ② 2 ③ 3
④ 4 ⑤ 5

집합 $S=\{x|x \ge 4\}$에 대하여 S에서 S로의 함수 $y=3x-4a$가 일대일 대응이 되도록 하는 상수 a의 값은?

① 2 ② 3 ③ 4
④ 6 ⑤ 7

대치동 꿀팁 정의역이 연속된 수($a \le x \le b$)일 때, 화살을 통해 함수를 정의할 수 없다. 이럴 때는 그래프를 그려서 문제를 해결해야 한다. 보통 연속함수를 다루는데 만일 연속함수가 일대일 함수가 되려면 정의역 안에서 주어진 함수의 그래프가 증가만 하거나 감소만 해야한다. 또한 일대일 함수를 뛰어넘어 일대일 대응이 되려면 정의역의 끝값이 공역의 끝값과 서로 대응이 되어야 한다는 사실에 주의하도록 하자.

유제 10 5회 복습 1 2 3 4 5

집합 $X=\{x\mid-1 \le x \le 3\}$, $Y=\{y\mid-4 \le y \le 4\}$에 대하여 X에서 Y로의 함수 $f(x)=ax+b$ $(a<0)$가 일대일 대응일 때, 상수 a, b의 합 $a+b$의 값을 구하여라.

유제 11 5회 복습 1 2 3 4 5

두 집합 $X=\{x\mid x \ge 3\}$, $Y=\{y\mid y \ge 2\}$에 대하여 X에서 Y로의 함수 $f(x)=x^2-2x+a$가 일대일 대응일 때, 상수 a의 값을 구하여라.

유제 12 5회 복습 1 2 3 4 5

집합 $X=\{x\mid x \ge k\}$에 대하여 X에서 X로의 함수 $f(x)=x^2-4x$가 일대일 대응일 때, k의 값을 구하여라.

필수예제 06 항등함수 상수함수

집합 $X=\{-1,\ 0,\ 1\}$에 대하여 함수 f가 X에서 X로의 함수일 때, 다음 중 항등함수인 것은?

① $f(x)=|x|$　② $f(x)=x^2$　③ $f(x)=-x$

④ $f(x)=x^3$　⑤ $f(x)=\begin{cases}\sqrt{x} & (x \geq 0) \\ \sqrt{-x} & (x < 0)\end{cases}$

대치동 꿀팁 우리가 알고 있는 항등함수는 $y=x$이다. 하지만 정의역에 따라 $y=x$가 아니더라도 충분히 항등함수가 될 수 있다. 항등함수가 되려면 정의역의 임의의 원소 a에 대하여 $f(a)=a$를 만족하면 된다.

유제 13

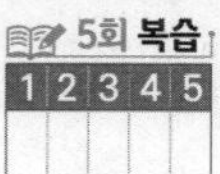

함수 f, g, h의 대응 관계가 다음과 같다.

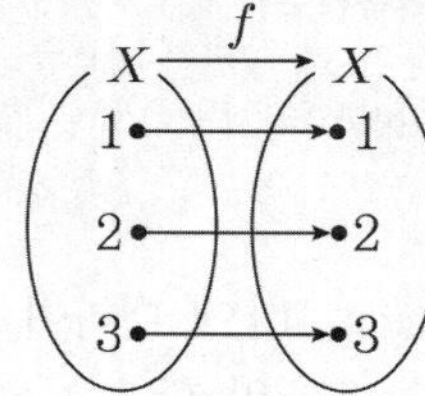

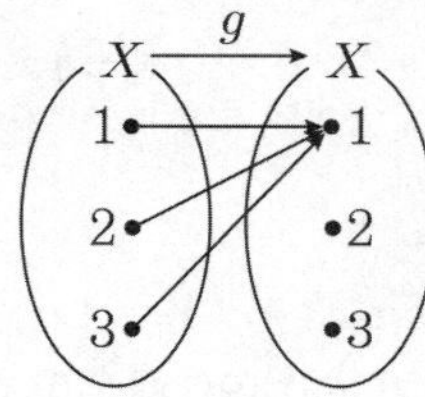

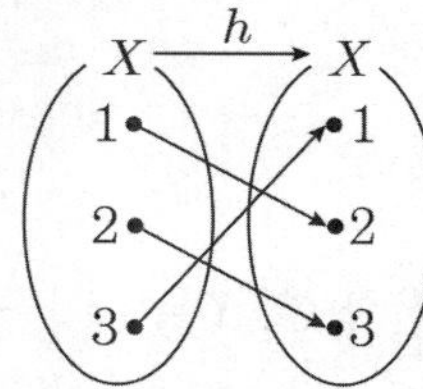

〈보기〉에서 옳은 것만을 있는 대로 고른 것은?

〈보기〉

ㄱ. f는 상수함수이다.
ㄴ. g는 항등함수이다.
ㄷ. 일대일 대응인 것은 2개이다.

① ㄱ　② ㄷ　③ ㄱ, ㄷ　④ ㄴ, ㄷ　⑤ ㄱ, ㄴ, ㄷ

유제 14

$X=\{a,\ b,\ c,\ d\}$, $Y=\{1,\ 2,\ 3,\ 4\}$에서 집합 X에서 집합 Y로의 함수의 개수를 p, 일대일 대응의 개수를 q, 상수함수의 개수를 r이라 할 때, $p+q+r$의 값을 구하여라.

유제 15

집합 X를 정의역으로 하는 함수 $f(x)=x^2-12$가 항등함수가 되도록 하는 집합 X의 개수는? (단, $X \neq \varnothing$)

① 1　② 2　③ 3　④ 4　⑤ 5

필수예제 07 함수의 개수

두 집합 $X=\{1,\ 2,\ 3\}$, $Y=\{-2,\ -1,\ 0,\ 1,\ 2\}$에 대하여 다음을 각각 구하시오.

(1) 함수의 개수

(2) 일대일 함수의 개수

(3) 상수함수의 개수

집합 $A=\{1, 2, 3\}$에 대하여 A에서 A로의 함수 f가 '$x\in A$이면 $2x-f(x)\in A$'를 만족할 때, 함수 f의 개수를 구하여라.

대치동 꿀팁 함수의 개수를 구하는 문제에서는 인터뷰가 가장 효과적이다. 함수 단원에서는 정의역에 인터뷰를 진행해서 함수의 개수를 구하면 된다.

유제 16 5회 복습 1 2 3 4 5

두 집합 $X=\{1, 2, 3\}$, $Y=\{a, b, c\}$에 대하여 X에서 Y로의 함수의 개수를 p, 일대일 대응의 개수를 q, 상수함수의 개수를 r, 항등함수의 개수를 s라 할 때, $p+q+r+s$의 값은?

① 27 ② 30 ③ 33 ④ 36 ⑤ 37

유제 17 5회 복습 1 2 3 4 5

집합 $A=\{1, 2, 3, 4\}$에서 집합 $B=\{a_1, a_2, a_3, a_4, a_5\}$로의 일대일 함수 중 $f(1)=a_1$, $f(2)=a_2$인 함수 f의 개수를 구하여라.

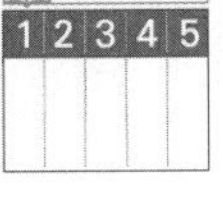

유제 18 5회 복습 1 2 3 4 5

$X=\{-1, 0, 1\}$, $Y=\{-2, -1, 0, 1, 2\}$라 할 때, X의 모든 원소 x에 대하여 $xf(x)$가 상수함수가 되도록 하는 함수 $f: X\to Y$의 개수는?

① 1개 ② 4개 ③ 5개 ④ 12개 ⑤ 15개

필수예제 08 합성함수

$f(x)=2x+a$, $g(x)=3x+b$에 대하여 $(f \circ g)(2)=4$이고, $(g \circ f)(2)=3$ 일 때, $a+b$의 값은? (단, a, b는 상수)

① -5 ② -3 ③ -2 ④ 3 ⑤ 5

두 함수 $f(x)=3x+2$, $g(x)=-2x+3$ 에 대하여 $(f \circ g)(x)-(g \circ f)(x)$를 구하여라.

대치동 꿀팁 합성함수를 표현하는 방법으로는 $(f \circ g)(x)$와 같다. 이 형태를 만나면 이 상태로 문제를 해결하려 하지 말고 언제나 $(f \circ g)(x)=f(g(x))$와 같이 표현을 바꿔서 문제풀이를 진행하도록 하자. 합성함수에서는 합성 순서가 매우 중요하고 자칫 잘못하면 순서를 혼동할 수 있기 때문에 변형하는 방법을 무조건적으로 추천한다.

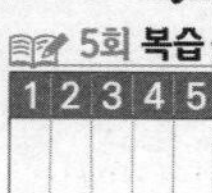

세 함수 $f(x)=x^2+1$, $g(x)=x-1$, $h(x)=2x+1$에 대하여 $(h \circ (g \circ f))(2)$의 값은?

① 5 ② 9 ③ 13 ④ 17 ⑤ 21

(1) $f(x)=2x-1$, $g(x)=x+3$, $h(x)=x^2$일 때, 함수 $(f \circ (g \circ h))(x)$를 구하시오.

(2) 모든 실수 x에 대하여 두 함수 $f(x)=x+a$, $g(x)=x^2$이 $(f \circ f)(x)+(g \circ f))(x)=x^2-x+b$를 항상 만족할 때, 두 상수 a, b의 합 $a+b$의 값을 구하시오.

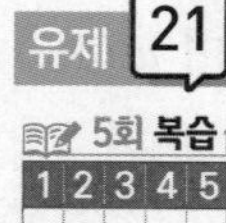

두 함수 $f(x)=2x+a$, $g(x)=-x+1$에 대하여 $g \circ f=f \circ g$가 성립할 때, 상수 a의 값은?

① $-\frac{1}{6}$ ② $-\frac{1}{5}$ ③ $-\frac{1}{4}$ ④ $-\frac{1}{3}$ ⑤ $-\frac{1}{2}$

필수예제 09 합성함수 활용

$f(x)=4x+1$, $g(x)=2x-3$일 때

(1) $g(h(x))=f(x)$를 만족시키는 일차함수 $h(x)$를 구하여라.

(2) $h(f(x))=g(x)$를 만족시키는 $h(x)$를 구하여라.

세 함수 f, g, h에 대하여 $f(x)=3x-1$, $(h\circ g)(x)=2x+1$일 때, $(h\circ(g\circ f))(x)=5$를 만족시키는 x의 값은?

① -2　② -1　③ 1
④ 2　⑤ 3

대치동 꿀팁 함수 $f(x)$의 x자리에 꼭 상수가 들어간다는 생각은 버리자! 합성을 배웠기 때문에 x대신 $g(x)$를 대입하여 $f(g(x))$를 만들 수 있다. 만약 $f(x)=4x+1$이라면 $f(g(x))=4g(x)+1$이다. 또한 문제를 풀다보면 $f(t)=4t+1$과 같은 결과에 도달하는 경우가 있는데 만약 문제에서 구하라는 결과물이 $f(x)$라면 문자바꿔치기(치환과는 다른 개념)를 통해 $f(x)=4x+1$이라고 답을 출력해 주면 되겠다.

유제 22 (5회 복습 1 2 3 4 5)

세 함수 $f(x)=x-3$, $g(x)=2x+3$, $h(x)$가 $(h\circ f)(x)=g(x)$인 관계를 만족시킬 때, $h(3)$의 값을 구하여라.

유제 23 (5회 복습 1 2 3 4 5)

세 함수 f, g, h에 대하여 $(h\circ g)(x)=2x+1$, $(h\circ(g\circ f))(x)=x-5$일 때, 함수 $f(x)$를 구하여라.

유제 24

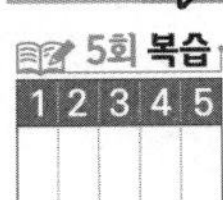

(5회 복습 1 2 3 4 5)

$f\left(\dfrac{x-3}{2}\right)=2x+1$일 때, $f(x)$와 $f(3x+2)$를 구하여라.

필수예제 10 역함수

다음 함수의 역함수를 구하여라.

(1) $y=2x+6$

(2) $y=(x-1)^2+2$ $(x \geq 1,\ y \geq 2)$

(3) $y=-(x+2)^2+3$ $(x \leq -2,\ y \leq 3)$

함수 $f(x)=ax+b$ 에 대하여 $f^{-1}(1)=2$, $(f \circ f)(2)=3$일 때, $f^{-1}(3)$의 값은?

① -3 ② -1 ③ 1
④ 3 ⑤ 5

대치동 꿀팁

함수 $y=f(x)$의 역함수를 구하는 방법은 x와 y의 역할을 바꿔주고(x자리에 y를, y자리에 x를 대입한다) 식을 정리해서 $y=f^{-1}(x)$의 형태로 바꿔주는 것이 유일하다. 보통 직접 역함수를 구하라는 문제는 잘 나오지 않지만 이 단원에서 등장할 수 있는 유형이기 때문에 충분히 연습하도록 하자. 이때 주의사항은 원래 함수 $y=f(x)$의 치역이 역함수 $y=f^{-1}(x)$의 정의역이 된다는 사실이고 이부분을 반드시 표현해 주어야 한다. 또한 직접 역함수를 구하는 문제가 아니라 필요한 함숫값만을 구해야 할 경우 $f(a)=b$이면 $f^{-1}(b)=a$임을 이용해서 함숫값들을 구해나가는 것이 좋겠다.

다음 함수의 역함수를 구하여라.

(1) $y=-3x+2$

(2) $y=\frac{1}{2}x-1$

(3) $y=x^2+1$ $(x \geq 0,\ y \geq 1)$

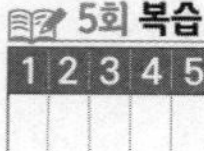

함수 $f(x)=2x+a$의 역함수가 $f^{-1}(x)=bx+3$일 때, 두 상수 a, b의 곱 ab의 값은?

① -3 ② -1 ③ 1
④ 2 ⑤ 6

유제 27

5회 복습 1 2 3 4 5

두 함수 $f(x)=ax+2$, $g(x)=x-b$에 대하여 $(f\circ g)(x)=2x+c$, $g^{-1}(-2)=1$일 때, 세 상수 $a+b+c$의 값은?

① -1　　② 0　　③ 1

④ 2　　⑤ 3

필수예제 11 역함수의 성질과 그래프

두 함수 $f(x)=x+1$, $g(x)=3x-6$에 대하여 $(f\circ(f\circ g)^{-1}\circ f)(3)$의 값을 구하여라.

오른쪽 그림은 두 함수 $y=f(x)$와 $y=x$의 그래프이다. 이때, $(f\circ f)^{-1}(2)$의 값을 구하여라.

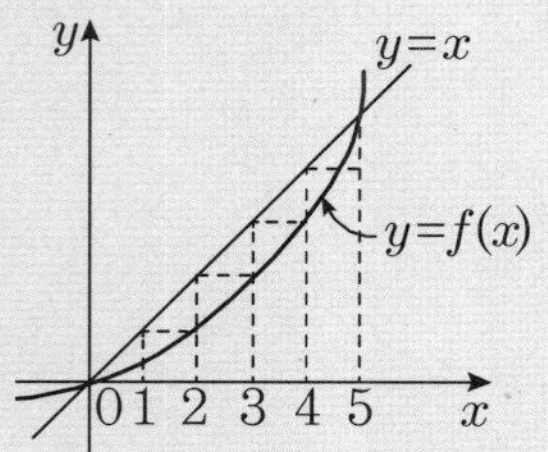

대치동 꿀팁 역함수의 연산법칙 중 $(f\circ g)^{-1}(x)=(g^{-1}\circ f^{-1})(x)=g^{-1}(f^{-1}(x))$를 꼭 활용하자. 또한 함수 $y=f(x)$의 그래프를 그려준 문제에서 역함수의 그래프를 빠르게 그리는 방법은 x축을 y축으로 생각하고, y축을 x축으로 생각하면 그려진 그래프가 역함수 $y=f^{-1}(x)$의 그래프가 된다는 사실을 이용하면 된다.

유제 28

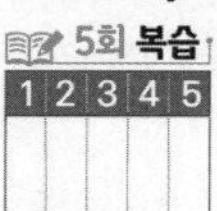

$x\geq 0$에서 정의된 두 함수 $f(x)=x^2+3$, $g(x)=2x-4$에 대하여 $(f\circ(g\circ f)^{-1}\circ f)(1)$의 값을 구하여라.

유제 29

함수 $y=f(x)$의 그래프가 오른쪽 그림과 같을 때, 다음 물음에 답하여라.

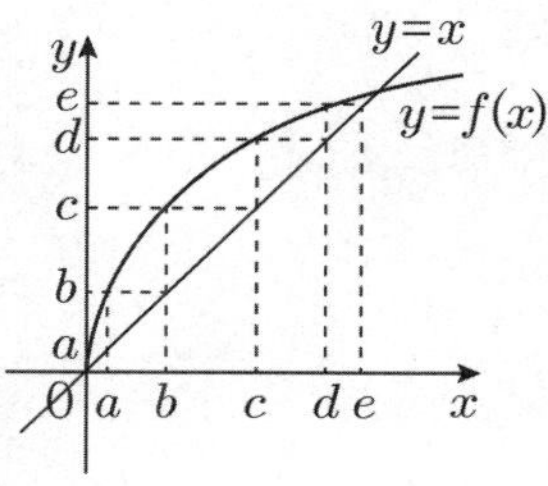

(1) $(f\circ f\circ f\circ f)(a)$의 값을 구하여라.

(2) 방정식 $(f\circ f)(x)=d$의 실근을 구하여라.

(3) $(f^{-1}\circ f^{-1})(c)$의 값을 구하여라.

필수예제 12 역함수와의 교점

함수 $f(x)=x^2-x\ \left(x\geq\frac{1}{2}\right)$의 역함수를 $f^{-1}(x)$라 할 때, 함수 $y=f(x)$의 그래프와 그 역함수 $y=f^{-1}(x)$의 그래프의 교점의 좌표를 구하여라.

대치동 꿀팁 원래 함수 $y=f(x)$와 $y=f^{-1}(x)$의 만남을 확인할 때는 함수 $y=f(x)$가 증가함수인지 감소함수인지를 확인해야 한다. 만약 증가함수라면 $y=f(x)$와 $y=f^{-1}(x)$의 만남은 $y=f(x)$와 $y=x$의 만남과 같은 상황이므로 방정식 $f(x)=x$를 해결해 주면 되고, 감소함수라면 $y=f(x)$와 $y=f^{-1}(x)$의 만남은 $y=f(x)$와 $y=x$의 만남을 생각하고 $f(a)=b$이면서 $f(b)=a$가 되는 상황도 추가로 고려해 줘야 한다.

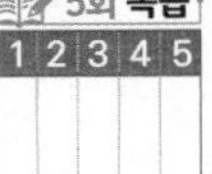

유제 30 함수 $f(x)=x^2+2x\,(x\geq-1)$에 대하여 $y=f(x)$의 그래프와 그 역함수 $y=f^{-1}(x)$의 그래프의 교점의 좌표가 $(a,\ b)$, $(c,\ d)$일 때, 상수 $a,\ b,\ c,\ d$의 합 $a+b+c+d$ 의 값은?

① -2　② -1　③ 0　④ 1　⑤ 2

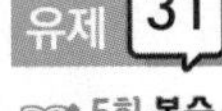

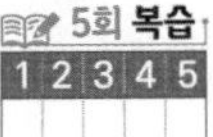

유제 31 함수 $y=\frac{1}{2}x-\frac{3}{2}$과 그 역함수의 그래프의 교점의 좌표를 $(a,\ b)$라 할 때, $a+b$의 값은?

① -6　② -5　③ -4　④ -3　⑤ -2

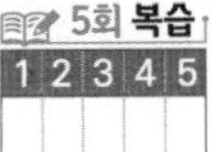

유제 32 함수 $f(x)=\frac{1}{3}(x-2)^2+2\ (x\geq2)$에 대하여 $y=f(x)$의 그래프와 그 역함수 $y=f^{-1}(x)$의 그래프는 두 점에서 만난다. 이때, 두 점 사이의 거리는?

① $2\sqrt{2}$　② $\frac{5\sqrt{2}}{2}$　③ $3\sqrt{2}$　④ $\frac{7\sqrt{2}}{2}$　⑤ $4\sqrt{2}$

필수예제 13 합성함수의 그래프 (심화)

두 함수 $y=f(x)$와 $y=g(x)$의 그래프가 각각 오른쪽 그림과 같다. 다음 중 $y=(g \circ f)(x)$의 그래프의 개형은?

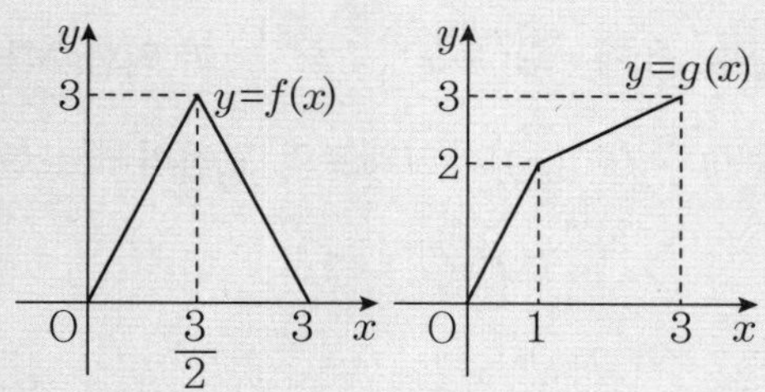

①
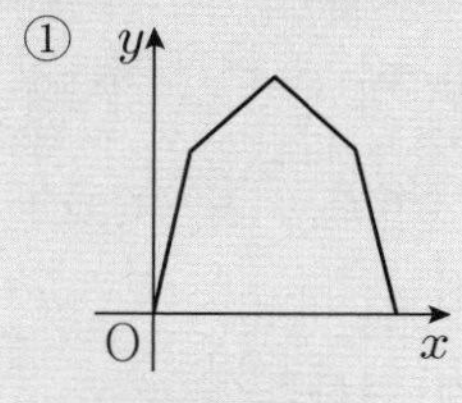

②
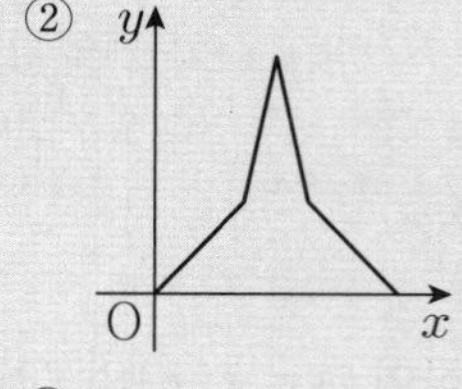

③
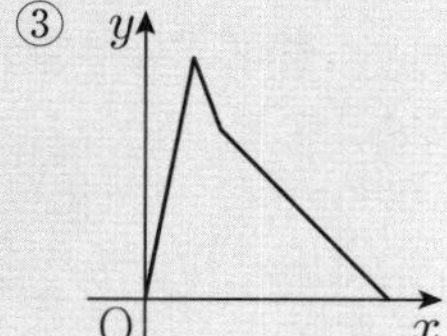

④
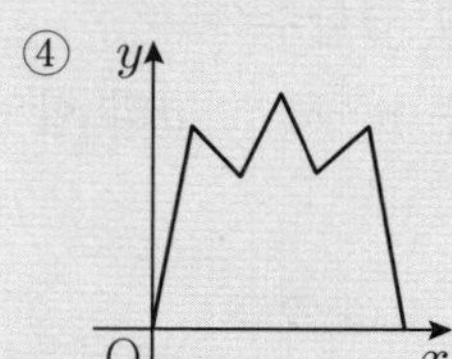

⑤
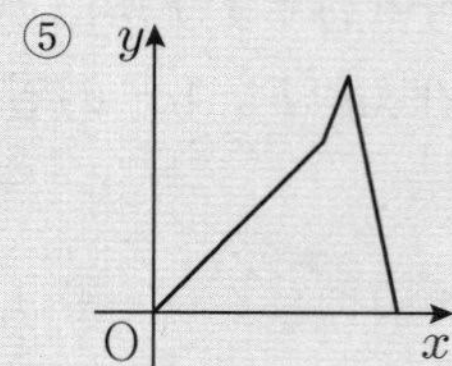

대치동 꿀팁 합성함수의 그래프를 그릴 때 가장 중요한 것은 먼저 적용시킨 함수의 치역이 그대로 다음 함수의 정의역이 된다는 사실이다. 또한 $f(g(x))$와 $g(f(x))$는 같지 않고 $f(g(x))$를 그릴 때는 $g(x)$의 정의역을 먼저 셋팅해야 하고, $g(f(x))$를 그릴 때는 $f(x)$의 정의역을 먼저 세팅하도록 하자.

유제 33

5회 복습 1 2 3 4 5

두 함수 $y=f(x)$와 $y=g(x)$의 그래프가 다음 그림과 같을 때, $y=(g\circ f)(x)$의 그래프의 개형은?

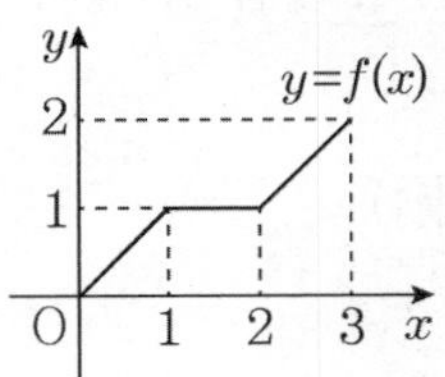

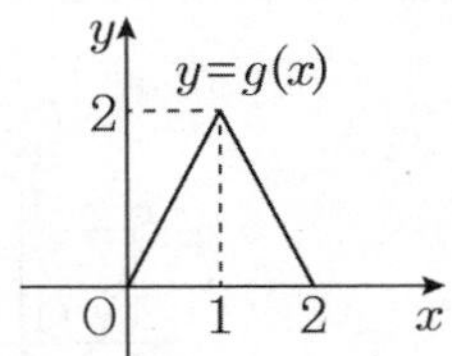

①

② 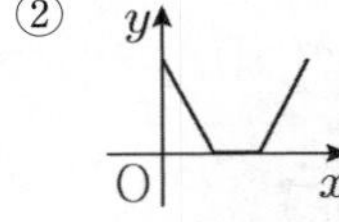

③ 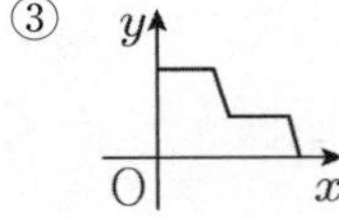

④

⑤ 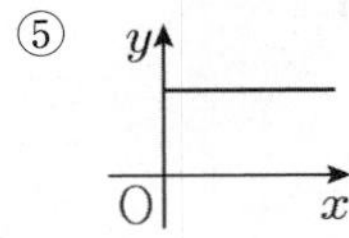

유제 34

5회 복습 1 2 3 4 5

두 함수 $y=f(x)$와 $y=g(x)$의 그래프가 각각 다음 그림과 같다. 다음 중 $y=(g\circ f)(x)$의 그래프의 개형은?

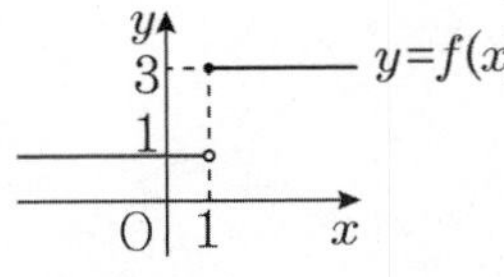

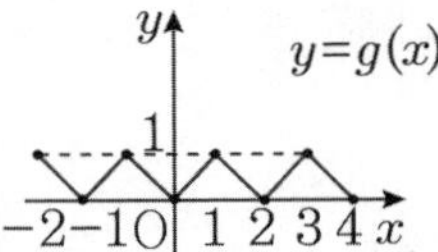

① 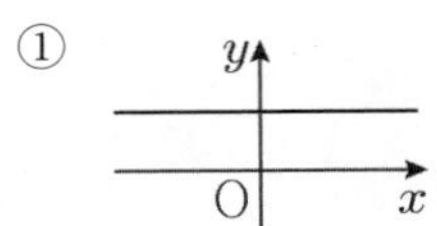

② 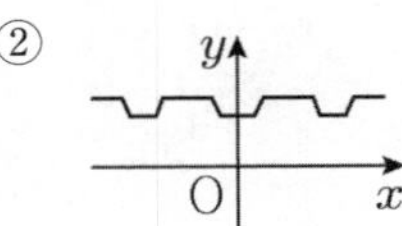

③ 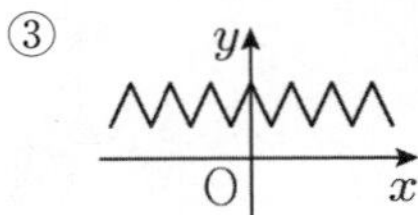

④ 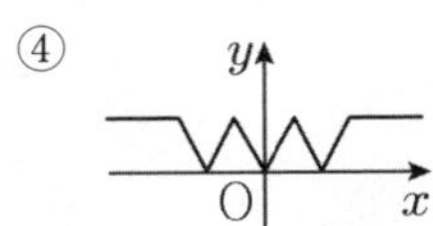

⑤ 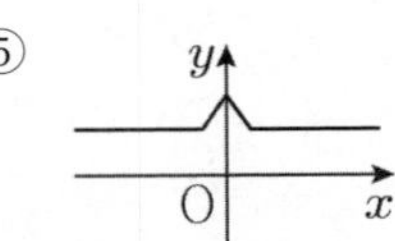

필수예제 14 절댓값이 있는 그래프 1

함수 $y=f(x)$의 그래프가 아래 그림과 같을 때, 다음 중 옳지 않은 것은?

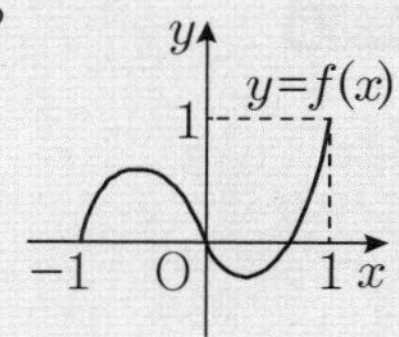

①
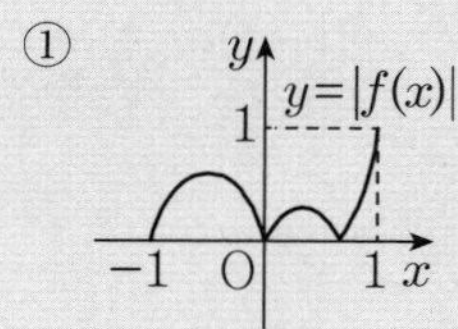

②
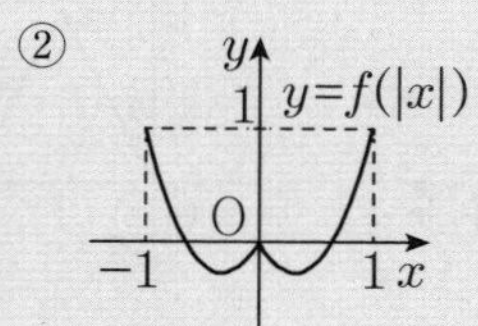

③
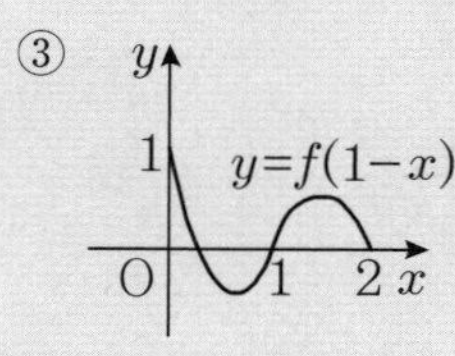

④
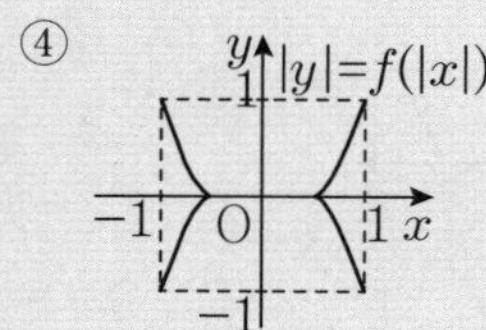

⑤
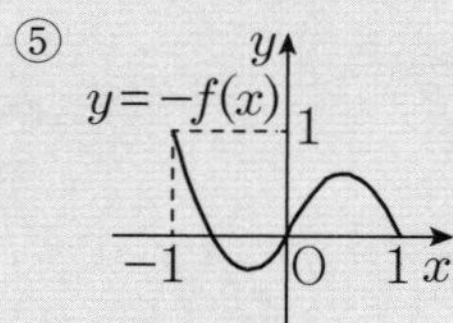

대치동 꿀팁 $y=f(x)$의 그래프를 보고 $y=|f(x)|$, $y=f(|x|)$, $|y|=f(x)$, $|y|=f(|x|)$의 그래프를 그리는 방법에 대해 다시 한번 확인하고 넘어가도록 하자. 그래프의 원리를 공부했다면 이제는 그래프를 그리는 방법에 대해 연습할 시간이다!

유제 35 5회 복습

함수 $y=f(x)$의 그래프가 아래쪽 그림과 같을 때, 다음 보기 중 $|y|=f(x)$와 $y=|f(x)|$의 그래프를 순서대로 고르면?

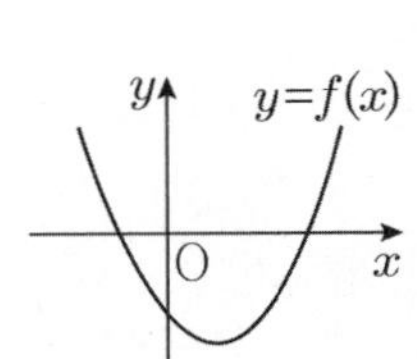

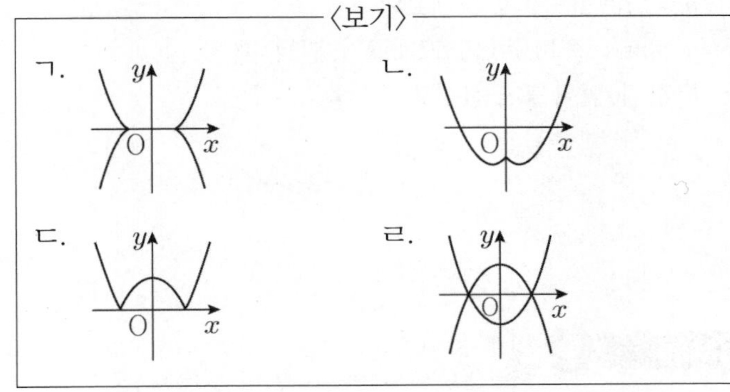

① ㄱ, ㄴ　② ㄴ, ㄷ　③ ㄱ, ㄷ
④ ㄱ, ㄹ　⑤ ㄹ, ㄴ

유제 36 5회 복습

함수 $y=f(x)$의 그래프가 오른쪽 그림과 같을 때, 다음 중 함수 $|y|=f(|x|)$의 그래프의 개형으로 적당한 것은?

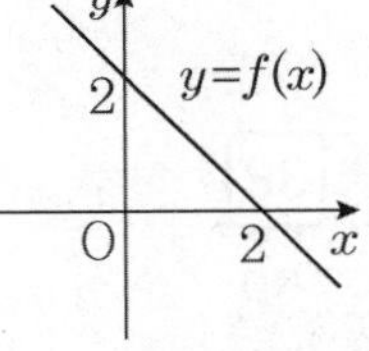

①
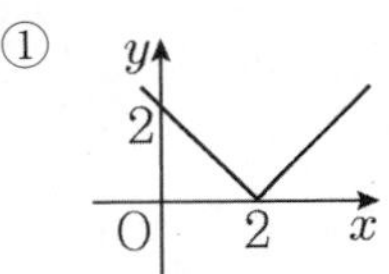

②
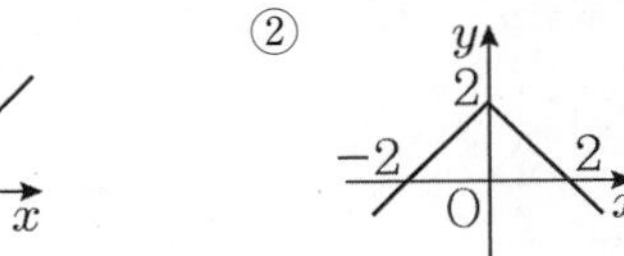

③
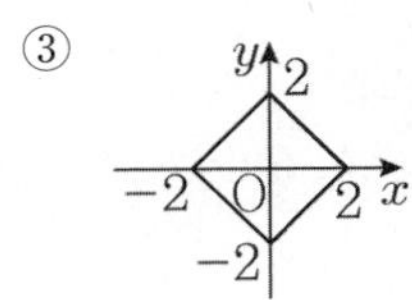

④
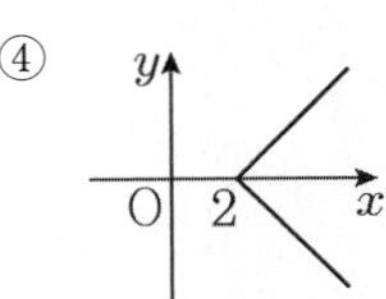

⑤
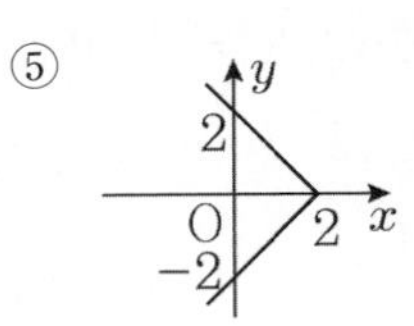

필수예제 15 절댓값이 있는 그래프 2

$y=|x-4|+2$의 그래프와
$y=m(x+1)+1$의 그래프가 만날 때
m값의 범위를 구하시오.

$y=|x+2|+2|x-2|$의 최솟값을 구하시오.

대치동 꿀팁 일차식에 절댓값이 있는 그래프의 유형 또한 자주 나오는 유형이므로 브이(V)모양의 함수인지, 구간을 나눠 꺾이는 함수인지를 판단하고 빠르고 정확하게 그리도록 연습해 보자. 이때 일차식에서 가장 중요한 기울기는 정확하게 판단해서 그래프에 어느 정도 적용해주는 것이 좋겠다. (기울기의 절댓값이 크면 가파르게, 작으면 상대적으로 완만하게 그리도록 하자.)

유제 37 $y=|x+2|+1$의 그래프와 $y=-2x$와의 교점의 개수를 구하시오.

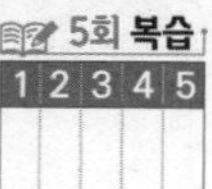

유제 38 함수 $y=|x-2|+|x+3|$의 최솟값은?

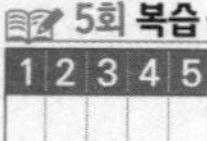

① 2　② 3　③ 4　④ 5　⑤ 6

유제 39 함수 $y=|x+1|+|x-5|+|x-7|$은 $x=a$일 때 최솟값 b를 가진다. 이때, 상수 a, b의 합 $a+b$의 값은?

5회 복습
1 2 3 4 5

① 11　② 13　③ 15　④ 17　⑤ 19

내신기출 맛보기

정답 및 해설 36p

01 2021년 단대부고 기출 변형 ★☆☆

두 집합 $X=\{a,\ b,\ c,\ d\}$, $Y=\{1,\ 2,\ 3,\ 4\}$에 대하여, X에서 Y로의 일대일함수의 개수를 m, 상수함수의 개수를 n이라 할 때, $m+n$의 값은?

① 25 ② 28 ③ 36
④ 257 ⑤ 230

02 2020년 청담고 기출 변형 ★★☆

세 함수 $f,\ g,\ h$가 $f(x)=ax+3$, $(h\circ g)(x)=-x-1$, $(g^{-1}\circ h^{-1}\circ f)(x)=6x-b$를 만족시킬 때, 상수 $a,\ b$의 곱 ab의 값을 구하시오.

03 2021년 개포고 기출 변형 ★★☆

집합 X를 정의역으로 하는 두 함수 $f(x)=x^3-5x-3$, $g(x)=2x+3$에 대하여 $f=g$가 되도록 하는 정의역 X의 개수는? (단, $X\neq\varnothing$)

① 3개 ② 7개 ③ 8개
④ 9개 ⑤ 15개

04 2021년 중산고 기출 변형 ★★☆

두 함수 $f(x)=2x+1$, $g(x)=ax+b$가 $f\circ g=g\circ f$를 만족시킬 때, a의 값에 관계없이 함수 $y=g(x)$의 그래프가 항상 지나는 점의 좌표를 구하시오. (단, $a,\ b$는 실수이다.)

05 2021년 경기고 기출 변형 ★★☆

실수 전체의 집합 R에 대하여 함수 $f : R \to R$가 $f(x) = a|x-2| + 2x$로 정의될 때, 이 함수가 일대일대응이 되도록 하는 정수 a의 개수는?

① 2 ② 3 ③ 5 ④ 7 ⑤ 9

06 2021년 세종고 기출 변형 ★★☆

집합 $X = \{x \mid -2 \le x \le 3\}$에 대하여 X에서 X로의 함수 $f(x) = ax + b$의 공역과 치역이 같을 때, 상수 a, b에 대하여 $a+b$의 최댓값은?

① -3 ② -2 ③ -1 ④ 0 ⑤ 1

07 2021년 청담고 기출 변형 ★★☆

다음 그림과 같은 함수 $f : X \to X$에서 $f^1 = f$, $f^{n+1} = f \circ f^n$ (n은 자연수)로 정의할 때, $f^{2022}(1) + f^{2022}(2) + f^{2022}(3)$의 값은?

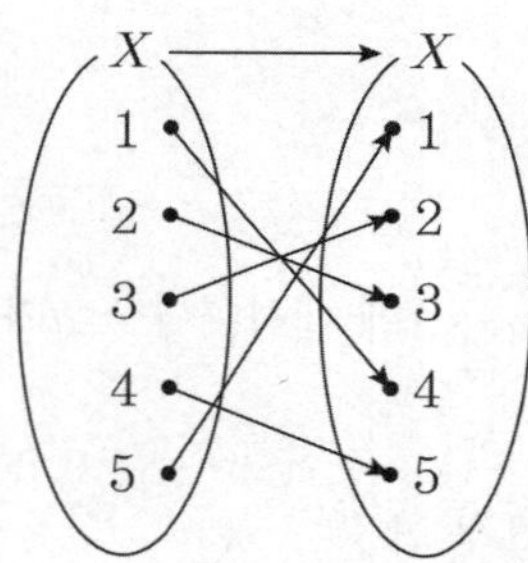

① 6 ② 7 ③ 8 ④ 9 ⑤ 10

08 2021년 세종고 기출 변형 ★★☆

함수 $f(x)$의 역함수를 $g(x)$라고 할 때, $f(2x+1)$의 역함수를 $g(x)$로 바르게 나타낸 것은?

① $2g(x)-1$ ② $2g(x)+1$ ③ $\frac{g(x)-1}{2}$ ④ $\frac{g(x)+1}{2}$ ⑤ $\frac{g(x)}{2}-1$

09 2021년 반포고 기출 변형 ★★☆

함수 $f(x)=(x-1)^2$에 대하여 $0 \leq x \leq 2$에서 $f(f(f(x)))$의 최댓값을 M, 최솟값을 m이라 할 때, $M+m$의 값은?

① 0 ② 1 ③ 2 ④ 3 ⑤ 4

10 2021년 세화고 기출 변형 ★★☆

두 집합 $X=\{x \mid x \geq 1\}$, $Y=\{y \mid y \geq -3\}$에 대하여 X에서 Y로의 함수
$f(x)=x^2-x-3$의 그래프와 그 역함수의 그래프가 만나는 점의 좌표와 원점과의 거리는?

① $\sqrt{2}$ ② $2\sqrt{2}$ ③ $3\sqrt{2}$ ④ $4\sqrt{2}$ ⑤ $5\sqrt{2}$

11 2020년 반포고 기출 변형 ★★★

함수 $f(x)=\begin{cases} 2x-6 & (x \geq 2) \\ \frac{1}{2}x-3 & (x<2) \end{cases}$ 와 함수 $y=f(x)$의 역함수 $y=f^{-1}(x)$로 둘러싸인 영역의 넓이를 구하면?

① 8 ② 16 ③ 24 ④ 32 ⑤ 48

12 2021년 경기고 기출 변형 ★★★

그림은 $0 \leq x \leq 3$ 에서 정의된 함수 $y=f(x)$의 그래프를 나타낸 것이다.
방정식 $f(f(x))=2-f(x)$의 서로 다른 실근의 개수를 구하시오.

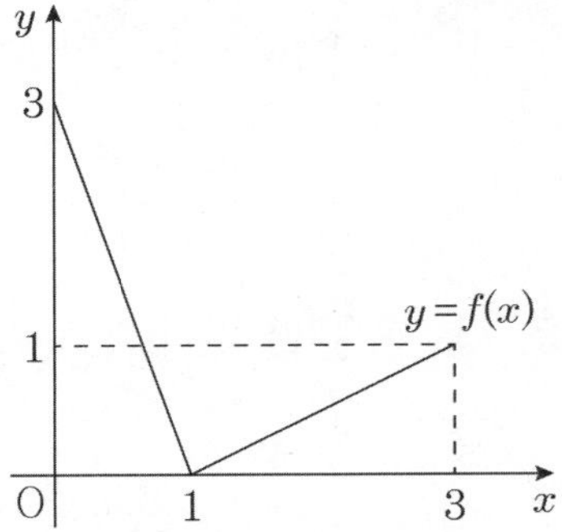

›› Ⅵ 함수

유리식과 유리함수

1 유리식의 계산

THEME1. 유리식의 성질

THEME2. 특수한 형태의 유리식

THEME3. 역수의 합

THEME4. 비례식

THEME5. 가비의 리

2 유리함수

THEME1. 유리함수의 태초의 상태

THEME2. 평행이동

THEME3. 유리함수의 역함수

THEME4. 유리함수와 직선의 위치관계

개념정리 01

유리식의 계산

두 다항식 A, B (B $\neq 0$)에 대하여 $\frac{\mathrm{A}}{\mathrm{B}}$꼴로 나타내어지는 식을 유리식이라 하고, A를 분자, B를 분모라고 한다. 특히 분모 B가 0이 아닌 상수이면 유리식 $\frac{\mathrm{A}}{\mathrm{B}}$는 다항식이므로 다항식도 유리식이다.

이를테면 $\frac{2}{x}$, $\frac{4x}{x^2+3x+2}$, $\frac{xy}{x+y}$, $\frac{x+1}{3}$, $4x^2+3x+2$ 는 모두 유리식이고,

주어진 식 중에서 $\frac{x+1}{3}$, $4x^2+3x+2$는 다항식이다.

THEME 1 유리식의 성질

(1) 분수의 아름다운 성질 : 분모, 분자에 똑같은 수를 곱하거나 나누어도 분수의 값은 변함없다. (유리수에서의 성질을 유리식에서 그대로 적용시킬 수 있다.)

다항식 A, B, C ($B\neq 0$, $C\neq 0$)에 대하여

❶ $\frac{A}{B}=\frac{A\times C}{B\times C}$　　　❷ $\frac{A}{B}=\frac{A\div C}{B\div C}$

(2) 유리식의 곱셈, 나눗셈

(i) 분모, 분자를 인수분해할 수 있으면 인수분해를 하고, 또 약분할 수 있으면 약분해서 분모, 분자가 서로소인 유리식으로 만든다.

(ii) 다음과 같이 곱셈과 나눗셈을 한다.

❶ $\frac{\mathrm{A}}{\mathrm{B}}\times\frac{\mathrm{C}}{\mathrm{D}}=\frac{\mathrm{AC}}{\mathrm{BD}}$　　　❷ $\frac{A}{B}\div\frac{C}{D}=\frac{A}{B}\times\frac{D}{C}=\frac{AD}{BC}$

(iii) 다시 약분할 수 있으면 약분해서 분모, 분자가 서로소인 유리식으로 만든다.

(3) 유리식의 덧셈, 뺄셈

(i) 분모, 분자를 인수분해할 수 있으면 인수분해를 하고, 또 약분할 수 있으면 약분해서 분모, 분자가 서로소인 유리식으로 만든다.

(ii) 분모가 같을 때에는 $\frac{\mathrm{A}}{\mathrm{D}}+\frac{\mathrm{B}}{\mathrm{D}}-\frac{\mathrm{C}}{\mathrm{D}}=\frac{\mathrm{A}+\mathrm{B}-\mathrm{C}}{\mathrm{D}}$와 같이 하고, 분모가 다를 때에는 통분해서 위와 같이 계산한다.

(iii) 위의 결과를 다시 약분할 수 있으면 약분한다.

THEME 2 특수한 형태의 유리식

(1) 분리형(대분수화)

(분자의 차수) ≥ (분모의 차수)

⇨ 분자를 분모로 나누어 다항식과 유리식의 합으로 변형하여 계산한다.

보기

다음 식을 간단히 나타내보자.

(1) $\frac{x-1}{x+2}-\frac{x+1}{x-3}$　　　(2) $\frac{2x^3+3x+5}{x^2+2x-1}$

(1) $\frac{x-1}{x+2}-\frac{x+1}{x-3}=\frac{(x+2)-3}{x+2}-\frac{(x-3)+4}{x-3}$

$=1-\frac{3}{x+2}-1+\frac{4}{x-3}=\frac{4}{x-3}-\frac{3}{x+2}$

(일차식분의 일차식은 하트공식을 이용해 대분수화 시킨다.)

(2) $\frac{2x^3+3x+5}{x^2+2x-1}=2x-4+\frac{13x+1}{x^2+2x-1}$

(일차식분의 일차식이 아닌 경우 직접 나누기를 통해 대분수화 시킨다.)

$$\begin{array}{r l}
2x-4 & \longleftarrow \text{몫} \\
x^2+2x-1\overline{)2x^3+0x^2+3x+5} & \\
2x^3+4x^2-2x & \longleftarrow (x^2+2x-1)\times 2x \\
\hline
-4x^2+5x+5 & \\
-4x^2-8x+4 & \longleftarrow (x^2+2x-1)\times(-4) \\
\hline
13x+1 & \longleftarrow \text{나머지}
\end{array}$$

(2) 결합형

네 개 이상의 유리식의 계산은 적당히 두 개씩 묶어서 계산한다.

보기

$\frac{1}{x-3}+\frac{1}{x-5}-\frac{1}{x-1}-\frac{1}{x-7}$를 간단히 나타내보자.

$$\frac{1}{x-3}+\frac{1}{x-5}-\frac{1}{x-1}-\frac{1}{x-7}=(\frac{1}{x-3}-\frac{1}{x-1})+(\frac{1}{x-5}-\frac{1}{x-7})$$

$$=\frac{2}{(x-3)(x-1)}-\frac{2}{(x-5)(x-7)}$$

$$=\frac{2(x-5)(x-7)-2(x-3)(x-1)}{(x-3)(x-1)(x-5)(x-7)}=\frac{-16(x-4)}{(x-1)(x-3)(x-5)(x-7)}$$

(3) 부분분수로의 변형

분모가 두 개 이상의 인수의 곱으로 되어 있으면(분모가 곱하기 꼴)

⇨ 한 개의 유리식을 두 개 이상의 유리식으로 나누어 계산한다.

$$\frac{1}{AB}=\frac{1}{B-A}\left(\frac{1}{A}-\frac{1}{B}\right) \text{ (단, } A\neq B)$$

$$\frac{1}{ABC}=\frac{1}{C-A}\left(\frac{1}{AB}-\frac{1}{BC}\right) \text{ (단, } A\neq C)$$

보기

$\frac{1}{a(a+1)}+\frac{1}{(a+1)(a+2)}+\frac{1}{(a+2)(a+3)}$를 간단히 나타내보자.

$$\frac{1}{a(a+1)}+\frac{1}{(a+1)(a+2)}+\frac{1}{(a+2)(a+3)}$$

$$=\left(\frac{1}{a}-\frac{1}{a+1}\right)+\left(\frac{1}{a+1}-\frac{1}{a+2}\right)+\left(\frac{1}{a+2}-\frac{1}{a+3}\right)$$

$$=\frac{1}{a}-\frac{1}{a+3}=\frac{a+3-a}{a(a+3)}=\frac{3}{a(a+3)}$$

(4) 번분수

분모 또는 분자가 유리식으로 되어 있으면 ⇨ 주어진 식의 형태에 따라 다음과 같이 계산한다.

$$\frac{\frac{A}{B}}{\frac{C}{D}}=\frac{AD}{BC}$$ (안쪽분의 바깥쪽) ⇨ 분모분자에 똑같이 BD를 곱한다고 생각하는 것도 훌륭하다.

$$\frac{\frac{A}{B}}{\frac{C}{D}}=\frac{\frac{A}{B}\times BD}{\frac{C}{D}\times BD}=\frac{AD}{BC}$$

보기

다음 식을 간단히 나타내보자.

(1) $\dfrac{\frac{x^2}{y^3}+\frac{1}{x}}{\frac{x}{y^2}-\frac{1}{y}+\frac{1}{x}}$ (2) $\dfrac{x}{x-\dfrac{x+2}{2-\frac{x-1}{x}}}$

(1) 분모, 분자에 xy^3를 곱하면

$$\frac{\frac{x^2}{y^3}+\frac{1}{x}}{\frac{x}{y^2}-\frac{1}{y}+\frac{1}{x}}=\frac{x^3+y^3}{x^2y-xy^2+y^3}=\frac{(x+y)(x^2-xy+y^2)}{y(x^2-xy+y^2)}=\frac{x+y}{y}$$

(2) $\dfrac{x+2}{2-\frac{x-1}{x}}$의 분모와 분자에 x를 곱하면 $\dfrac{x(x+2)}{2x-(x-1)}=\dfrac{x(x+2)}{x+1}$

$$\therefore \frac{x}{x-\dfrac{x+2}{2-\frac{x-1}{x}}}=\frac{x}{x-\dfrac{x(x+2)}{x+1}}=\frac{x(x+1)}{x(x+1)-x(x+2)}=\frac{x(x+1)}{-x}=-x-1$$

THEME 3 역수의 합

① $x+\frac{1}{x}=t$일 때,

(1) $x^2+\frac{1}{x^2}=t^2-2$　　(2) $x^3+\frac{1}{x^3}=t^3-3t$

(3) $\left(x+\frac{1}{x}\right)^2-\left(x-\frac{1}{x}\right)^2=4 \Rightarrow x-\frac{1}{x}=\pm\sqrt{t^2-4}$ (합^2-차$^2=4$곱)

② $x-\frac{1}{x}=k$일 때,

(1) $x^2-\frac{1}{x^2}=\left(x-\frac{1}{x}\right)\left(x+\frac{1}{x}\right)=\pm k\sqrt{k^2+4}$

(2) $x^3-\frac{1}{x^3}=k^3+3k$

보기

$x+\frac{1}{x}=3$일 때, 다음 유리식의 값을 구해보자.

(1) $x^2+\frac{1}{x^2}$　(2) $x^3+\frac{1}{x^3}$　(3) $x-\frac{1}{x}$　(4) $x^2-\frac{1}{x^2}$

(1) $x^2+\frac{1}{x^2}=\left(x+\frac{1}{x}\right)^2-2x\times\frac{1}{x}=3^2-2=7$

(2) $x^3+\frac{1}{x^3}=\left(x+\frac{1}{x}\right)^3-3x\times\frac{1}{x}\left(x+\frac{1}{x}\right)=3^3-3\times3=18$

(3) $\left(x-\frac{1}{x}\right)^2=x^2-\frac{1}{x^2}-2x\times\frac{1}{x}=7-2=5$　　$\therefore x-\frac{1}{x}=\pm\sqrt{5}$

(4) $x^2-\frac{1}{x^2}-\left(1-\frac{1}{x}\right)\left(1+\frac{1}{x}\right)=\pm\sqrt{5}\times3=\pm3\sqrt{5}$

THEME 4 비례식

(1) a, b, c, d가 0이 아닐 때, 비례식을 다음과 같이 바꿔 해석할 수 있다.

$$a:b=c:d \iff \frac{a}{b}=\frac{c}{d} \iff ad=bc$$

또, 이때 비례식 $\frac{a}{b}=\frac{c}{d}=k$로 놓으면 ⇨ $a=bk$, $c=dk$

(2) a, b, c, d, e, f가 0이 아닐 때, 비례식을 다음과 같이 바꿔 해석할 수 있다.

$$a:b:c=d:e:f \iff \frac{a}{b}=\frac{c}{d}=\frac{e}{f}$$

또, 이때 비례식 $\frac{a}{b}=\frac{c}{d}=\frac{e}{f}=k$로 놓으면 ⇨ $a=bk$, $c=dk$, $e=fk$

주의!!) $a=2b$이면 $a:b=2:1$이라고 할 수 있지만 $a=2b=3c$일 때, $a:b:c=3:2:1$이라고 하면 안 된다.

보기

$(x+y):(y+z):(z+x)=2:4:5$일 때, 다음을 구해보자.
(단, $xyz \neq 0$이다.)

(1) $x:y:z$　　　　(2) $\frac{x+2y+3z}{x+y+z}$

$\frac{x+y}{2}=\frac{y+z}{4}=\frac{z+x}{5}=k$ 로 놓으면

$x+y=2k$ …… ①, $y+z=4k$ …… ②, $z+x=5k$ …… ③

① + ② + ③ 하면 $2x+2y+2z=11k$ $\therefore x+y+z=\frac{11}{2}k$ …… ④

④ − ②, ④ − ③, ④ − ① 하면 $x=\frac{3}{2}k$, $y=\frac{1}{2}k$, $z=\frac{7}{2}k$

(1) $x:y:z=\frac{3}{2}k:\frac{1}{2}k:\frac{7}{2}k=3:1:7$

(2) $\frac{x+2y+3z}{x+y+z}=\frac{\frac{3}{2}k+2\times\frac{1}{2}k+3\times\frac{7}{2}k}{\frac{3}{2}k+\frac{1}{2}k+\frac{7}{2}k}=\frac{\frac{26}{2}k}{\frac{11}{2}k}=\frac{26}{11}$

cf) $x:y:z=3:1:7$이므로 $x=3a$, $y=a$, $z=7a\,(a\neq 0)$를 대입해도 된다.

THEME 5 가비의 리(교육과정 외)

$\dfrac{a}{b}=\dfrac{c}{d}=\dfrac{e}{f}$ 일 때, 다음 등식이 성립한다. 이를 『가비의 리』라고 한다.

$\dfrac{a}{b}=\dfrac{c}{d}=\dfrac{e}{f}=\dfrac{a+c+e}{b+d+f}=\dfrac{pa+qc+re}{pb+qd+rf}$ (단, $b+d+f\neq 0$, $pb+qd+rf\neq 0$)

⇨ 같은 값을 갖는 다양한 분수식을 계속해서 만들어 갈 수 있다.

보기

$\dfrac{b+3c}{2a}=\dfrac{3c+2a}{b}=\dfrac{2a+b}{3c}=k$일 때, k의 값을 구해보자.

(i) $2a+b+3c\neq 0$이면 가비의 리를 적용시켜 새로운 분수식을 만들 수 있다.

$$\frac{b+3c}{2a}=\frac{3c+2a}{b}=\frac{2a+b}{3c}=\frac{4a+2b+6c}{2a+b+3c}=\frac{2(2a+b+3c)}{2a+b+3c}=2$$

(ii) $2a+b+3c=0$이면 가비의 리를 적용시킬 수 없으므로 $2a=-b-3c$, $b=-2a-3c$, $c=-2a-b$임을 이용하면

$$\frac{b+3c}{2a}=\frac{3c+2a}{b}=\frac{2a+b}{3c}=\frac{b+3c}{-(b+3c)}=\frac{3c+2a}{-(3c+2a)}=\frac{2a+b}{-(2a+b)}=-1$$

따라서 $k=-1, 2$이다.

02 유리함수

함수 $y=f(x)$에서 $f(x)$가 x에 대한 유리식일 때, 이 함수를 유리함수라고 한다.
특히 유리함수 중에서 $f(x)$가 x에 대한 다항식일 때, 이 함수를 다항함수라고 한다.
유리함수에서 정의역이 주어지지 않은 경우에는 분모를 0으로 하는 원소를 제외한 실수 전체의 집합을 정의역으로 한다.

(1) 두 함수 $y=x-1$, $y=x^2-2x-1$은 유리함수이며, 특히 다항함수이다.

(2) 두 함수 $y=\frac{3}{x}$, $y=\frac{2x+1}{x-1}$은 유리함수이다.

이때 함수 $y=\frac{3}{x}$의 정의역은 $\{x \mid x \neq 0$인 실수$\}$이고, 함수 $y=\frac{2x+1}{x-1}$의 정의역은 $\{x \mid x \neq 1$인 실수$\}$이다.

THEME 1 유리함수의 태초의 상태

함수 $y=\frac{k}{x}(k \neq 0)$를 유리함수의 태초의 상태라 한다.

다음 그림은 상수 k가 ± 3, $\pm\ 2$, ± 1일 때, 함수 $y=\frac{k}{x}$의 그래프를 그린 것이다.

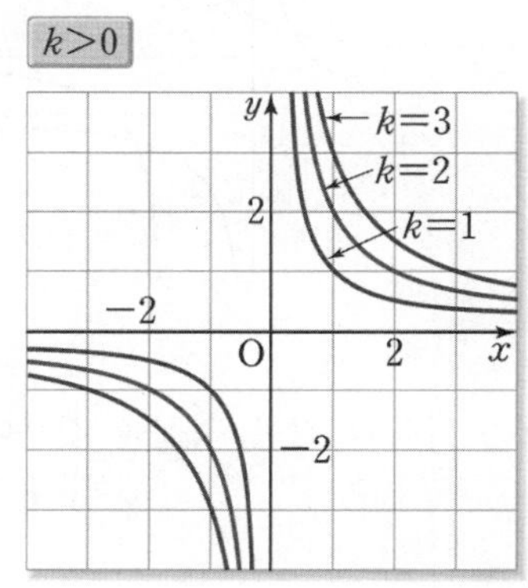

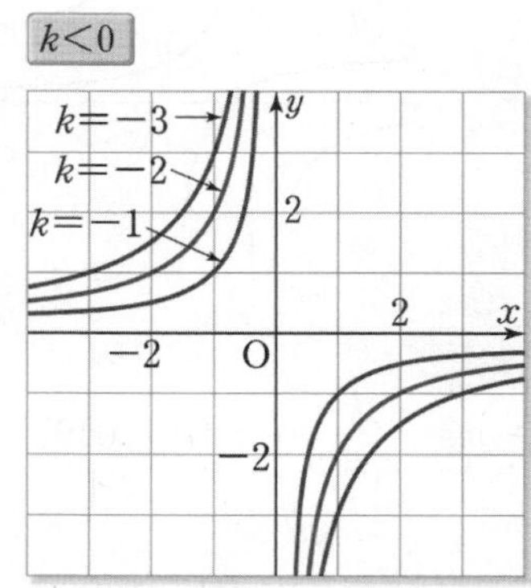

일반적으로 함수 $y=\frac{k}{x}(k \neq 0)$의 정의역과 치역은 모두 0이 아닌 실수 전체의 집합이고, 그 그래프는 원점에 대하여 대칭이다. 또, $k>0$일 때 그래프는 제1, 3사분면에 있고, $k<0$일 때 그래프는 제2, 4사분면에 있다.

또한, 그래프가 x축과 y축에 한없이 가까워짐을 알 수 있는데 이를 유리함수의 『점근선』이라 한다.

즉, 함수 $y=\frac{k}{x}(k \neq 0)$의 점근선은 x축$(y=0)$, y축$(x=0)$이다.

(1) 정의역(치역)은 0을 제외한 실수 전체의 집합이다.
(2) 원점과 직선 $y=x$, $y=-x$에 대하여 각각 대칭인 쌍곡선이다.
(3) 점근선은 x축, y축이다.
(4) $k>0$이면 그래프는 제 1사분면과 제 3사분면에 존재하고,
$k<0$이면 그래프는 제 2사분면과 제 4사분면에 존재한다.
(5) $|k|$가 크면 클수록 곡선은 원점에서 멀어진다.

THEME 2 평행이동

유리함수 $y=\frac{k}{x-p}+q\ (k \neq 0)$의 그래프는 함수 $y=\frac{k}{x}$의 그래프를 x축의 방향으로 p만큼, y축의 방향으로 q만큼 평행이동한 것이다. 따라서 함수 $y=\frac{k}{x-p}+q\ (k \neq 0)$의 그래프는 다음 그림과 같고, 점근선의 방정식은 $x=p$, $y=q$이다.

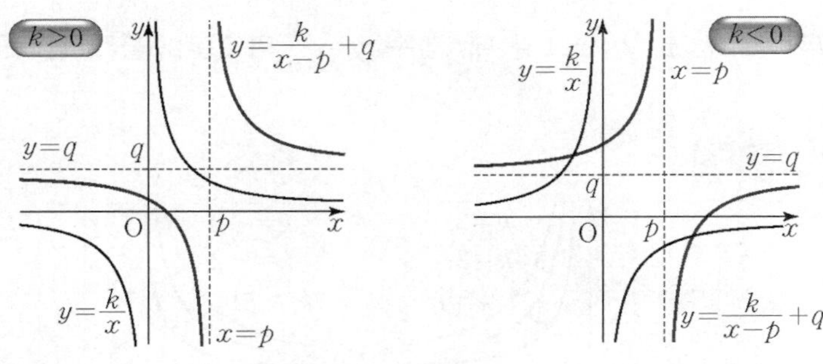

또한, 유리함수 $y=\frac{k}{x-p}+q\ (k \neq 0)$의 그래프는 다음과 같은 성질을 갖는다.

* 유리함수 $y=\frac{k}{x-p}+q\ (k\neq 0)$의 그래프

(1) 함수 $y=\frac{k}{x}$의 그래프를 x축의 방향으로 p만큼, y축의 방향으로 q만큼 평행이동한 것이다.
(2) 정의역은 p를 제외한 실수 전체의 집합이고, 치역은 q를 제외한 실수 전체의 집합이다.
(3) 점근선의 방정식은 $x=p$, $y=q$이다.
(4) 점 $(p,\ q)$에 대하여 대칭이고, 점 $(p,\ q)$를 지나면서 기울기가 ± 1인 직선에 대하여 각각 대칭이다.

문제에서 $y=-\frac{1}{x+3}+3$와 같이 유리함수를 표현할 때도 있지만 $y=\frac{3x+8}{x+3}$와 같이 표현하는 경우가 대부분이다. 이는 앞서 배운 대분수화를 이용하면 쉽게 해석이 가능하다.

$$y=\frac{3x+8}{x+3}=\frac{3(x+3)-1}{x+3}=-\frac{1}{x+3}+3$$

물론 유리함수 $y=\frac{ax+b}{cx+d}$의 점근선의 방정식 : $x=-\frac{d}{c}$(분모 0되는 값), $y=\frac{a}{c}$(일차항계수비) 다음과 같이 계수로 그래프를 그릴 수 있지만, 서술형 대비를 위해 정확히 대분수화를 통해 그리는 것도 연습해 두도록 하자.

THEME 3 유리함수의 역함수

유리함수 $y=\frac{k}{x}(k\neq 0)$의 그래프는 스스로 $y=x$에 대하여 대칭이므로 $f(x)=\frac{k}{x}$일 때, $f^{-1}(x)=\frac{k}{x}$이다.

또한 $y=f(x-m)+n$의 역함수가 $y=f^{-1}(x-n)+m$임을 이용하면(역함수는 x와 y의 역할이 바뀜)
$y=\frac{k}{x-p}+q$의 역함수는 $y=\frac{k}{x-q}+p$이다.

물론 다음의 공식을 이용할 수도 있다.

$f(x)=\dfrac{ax+b}{cx+d}$의 역함수 ⇨ $f^{-1}(x)=\dfrac{-dx+b}{cx-a}$

(a, d의 부호를 각각 바꾸고, 위치를 바꾼다)

THEME 4 유리함수와 직선의 위치관계

유리함수 $y=\dfrac{ax+b}{cx+d}$와 직선 $y=mx+n$의 만남을 생각할 때는 연립을 통해 2차방정식을 만든 후 판별식을 이용하면 된다. 하지만 여기서 중요한 점은 유리함수와 직선이 서로 다른 두 점에서 만난다고 해서 연립을 통한 2차방정식의 판별식 $D>0$라고 하면 안된다. 마찬가지로 만나지 않는다고 해서 판별식 $D<0$라고 해서도 안된다.

오로지 "접한다"로 해석해서 $D=0$을 이용하여 접할 때의 상황을 먼저 구하도록 하자.
그런 다음 접할 때를 기준으로 직선이 어떻게 생기면 문제에서 요구하는 상황을 만족할 수 있는지를 그래프를 그려 확인해 가면서 문제를 해결하도록 하자.

(1) 기울기가 일정한 직선의 경우

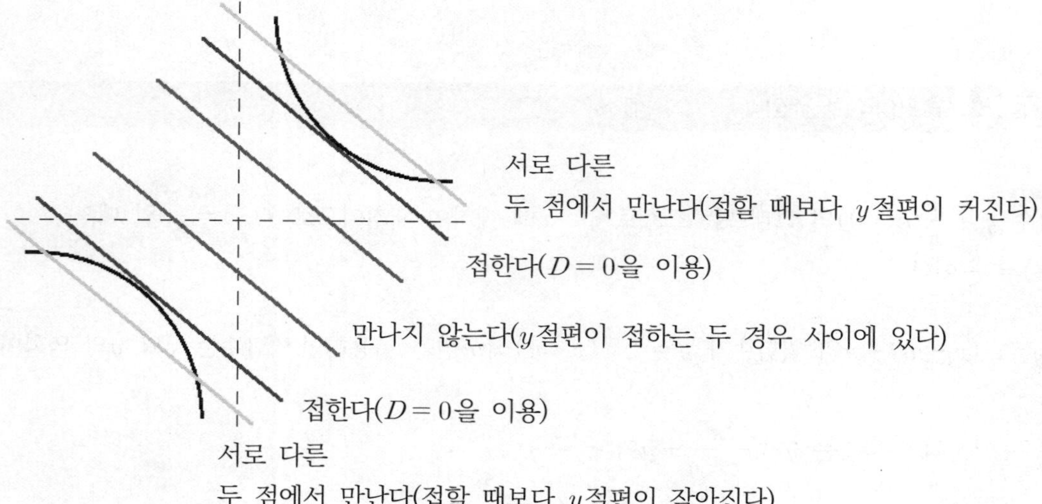
서로 다른
두 점에서 만난다(접할 때보다 y절편이 커진다)
접한다(D = 0을 이용)
만나지 않는다(y절편이 접하는 두 경우 사이에 있다)
접한다(D = 0을 이용)
서로 다른
두 점에서 만난다(접할 때보다 y절편이 작아진다)

(2) 지나는 점이 일정한 직선의 경우

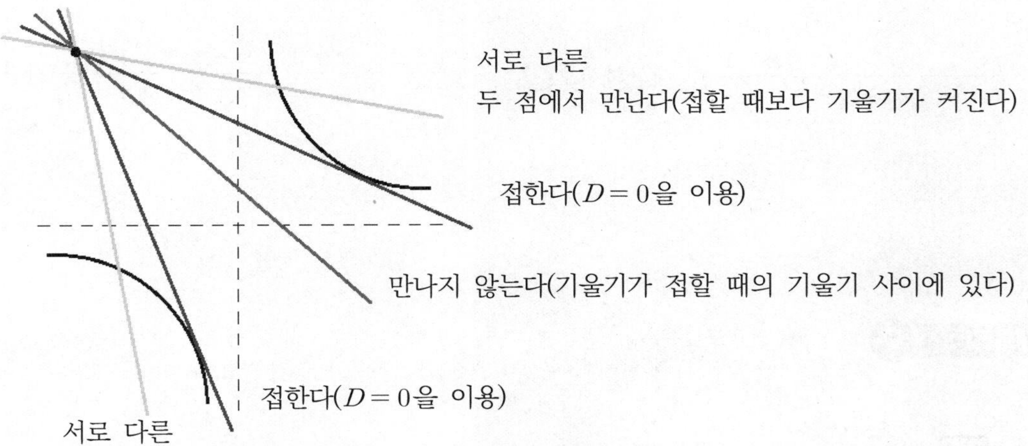
서로 다른
두 점에서 만난다(접할 때보다 기울기가 커진다)
접한다($D=0$을 이용)
만나지 않는다(기울기가 접할 때의 기울기 사이에 있다)
접한다($D=0$을 이용)
서로 다른
두 점에서 만난다(접할 때보다 기울기가 작아진다)

정답 및 해설 38p

필수예제 01 유리식의 계산

$\dfrac{x-1}{x+3}-\dfrac{x^2-1}{x^2+2x}\div\dfrac{x-1}{x}$를 계산하시오.

$\dfrac{x+2}{x+1}+\dfrac{x+3}{x+2}-\dfrac{x+4}{x+3}-\dfrac{x+5}{x+4}$를 간단히 하시오.

대치동 꿀팁 분수식을 만나면 인수분해가 가능한지 확인하고 약분되는 것부터 해결하도록 하자. 또한 분자의 차수가 분모의 차수보다 크거나 같을 때, 분수의 대분수화를 통해 식변형을 하면 계산이 매우 간단해 질 것이다.

유제 01

5회 복습

1	2	3	4	5

$\dfrac{x-1}{x^2+4x-5}\div\dfrac{x^3-1}{x^2+6x+5}\div\dfrac{x^2+2x+1}{x^2+x+1}=\dfrac{1}{99}$일 때, x의 값은? (단, $x>0$)

① 6 ② 7 ③ 8
④ 9 ⑤ 10

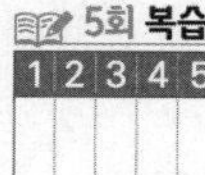

유제 02 다음 각 식을 간단히 하시오.

$\dfrac{x-2}{x-3}+\dfrac{x-4}{x-5}-\dfrac{x}{x-1}-\dfrac{x-6}{x-7}$

유제 03 다음 식을 간단히 하시오.

5회 복습

1	2	3	4	5

$\dfrac{x^2-x+1}{x-2}-\dfrac{x^2+3x+6}{x+2}$

필수예제 02 부분분수 $\frac{C}{AB}=\frac{C}{B-A}\left(\frac{1}{A}-\frac{1}{B}\right)$

$\frac{1}{1\cdot 2}+\frac{1}{2\cdot 3}+\cdots+\frac{1}{49\cdot 50}=\frac{a}{b}$를 만족할 때, $a-b$의 값을 구하여라. (단, a, b는 서로소인 자연수)

$\frac{1}{x(x+1)}+\frac{1}{(x+1)(x+2)}+\cdots+\frac{1}{(x+9)(x+10)}$를 간단히 하시오.

대치동 꿀팁 인수분해는 되지만 약분이 안되고, 분자의 차수가 분모의 차수보다 작다면 부분분수(통분의 역과정)를 통해 식변형을 해야한다. 일반적으로 부분분수로 식변형을 하면 +, −가 반복되서 연속된 항들이 제거되어 계산이 간단해 질 것이다.

유제 04 (5회 복습 1 2 3 4 5)

$\frac{1}{1\cdot 3}+\frac{1}{3\cdot 5}+\frac{1}{5\cdot 7}+\frac{1}{7\cdot 9}+\frac{1}{9\cdot 11}$의 값을 구하시오.

유제 05 (5회 복습 1 2 3 4 5)

등식 $\frac{1}{x(x+1)}+\frac{1}{(x+1)(x+2)}+\frac{1}{(x+2)(x+3)}=\frac{b}{x(x+a)}$를 만족하는 상수 a, b의 합 $a+b$의 값을 구하여라.

유제 06 (5회 복습 1 2 3 4 5)

$\frac{1}{1^2+1}+\frac{1}{2^2+2}+\frac{1}{3^2+3}+\cdots+\frac{1}{10^2+10}$의 값은?

① $\frac{1}{10}$ ② $\frac{9}{10}$ ③ $\frac{11}{10}$

④ $\frac{1}{11}$ ⑤ $\frac{10}{11}$

필수예제 03 번분수

다음 식을 만족하는 x의 값을 구하여라.

$$2-\cfrac{1}{2-\cfrac{1}{2-\cfrac{1}{x}}}=x$$

$\dfrac{37}{26}=a+\cfrac{1}{b+\cfrac{c}{11}}$일 때, $a+b+c$의 값을 구하여라. (단, a, b, c는 자연수이고 $c<11$)

대치동 꿀팁

번분수의 계산은 흔히 $\dfrac{\frac{a}{b}}{\frac{c}{d}}=\dfrac{ad}{bc}$로 계산할 것이다. 이때 같은 원리이지만 번분수를 만났을 때, 분모 분자에 똑같은 수를 곱해준다로 접근하면 훨씬 간단하게 해결되는 경우가 많을 것이다. 예를 들면 $\cfrac{1}{x-\cfrac{1}{x}}$의 분모 분자에 x를 똑같이 곱하면 $\dfrac{x}{x^2-1}$로 빠르게 정리할 수 있다.

유제 07 (5회 복습 1 2 3 4 5)

다음 식의 분모를 0으로 만들지 않는 임의의 실수 x에 대하여

$\cfrac{1}{2-\cfrac{1}{2-\cfrac{1}{x}}}=\dfrac{ax+b}{3x+c}$가 성립하도록 상수 a, b, c의 값을 정할 때, $a^2+b^2+c^2$의 값을 구하시오.

유제 08 (5회 복습 1 2 3 4 5)

$\dfrac{225}{157}=a+\cfrac{1}{b+\cfrac{1}{c+\cfrac{1}{d+\cfrac{1}{e}}}}$이 되도록 하는 자연수 a, b, d, c, d의 값이 옳지 않은 것은?

① $a=1$ ② $b=2$ ③ $c=3$ ④ $d=4$ ⑤ $e=6$

유제 09

다음 식을 간단히 하면?

$$\cfrac{1}{1-\cfrac{1}{1-\cfrac{1}{a+1}}}+\cfrac{1}{1-\cfrac{1}{1+\cfrac{1}{a-1}}}$$

① 0 ② 1 ③ a ④ $a+1$ ⑤ $2a$

필수예제 04 유리식과 곱셈공식 변형

$x+\dfrac{1}{x}=-2$ 일 때, 다음 식의 값을 구하여라.

(1) $x^2+\dfrac{1}{x^2}$

(2) $x^3+\dfrac{1}{x^3}$

대치동 꿀팁 1단원에서 배운 곱셈공식의 변형이 여기서도 등장한다. 역수의 합에 관련된 공식으로 $x+\dfrac{1}{x}=t$라 하면 $x^2+\dfrac{1}{x^2}=t^2-2$, $x^3+\dfrac{1}{x^3}=t^3-3t$이다.

유제 10 5회 복습 1 2 3 4 5

$x-\dfrac{1}{x}=3$ 일 때, 다음 식의 값을 구하여라.

(1) $x^2+\dfrac{1}{x^2}$

(2) $x^3-\dfrac{1}{x^3}$

유제 11 5회 복습 1 2 3 4 5

$x^2+3x+1=0$ 일 때, $x^3+\dfrac{1}{x^3}$ 의 값은?

① -18 ② -16 ③ -14 ④ -12 ⑤ -10

유제 12

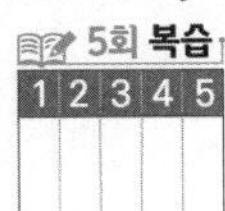

$x^2-2x-1=0$일 때, $3x^2+2x-1-\dfrac{2}{x}+\dfrac{3}{x^2}$의 값을 구하여라.

필수예제 05 유리식의 값

$(x+y):(y+z):(z+x)=5:6:7$일 때, $\dfrac{z^2-x^2}{x^2+2xy}$의 값을 구하시오.

$x-2y+z=0$, $x+3y-2z=0$을 만족하는 실수 x, y, z에 대하여 $\dfrac{(x+y+z)^2}{xy+yz+zx}$의 값을 구하여라. (단, $xyz \neq 0$)

대치동 꿀팁 $x:y:z=a:b:c$라면 $x=ak$, $y=bk$, $z=ck$라고 하는 것이 편하다. 이때 주의 사항은 $az=by=cx$라고 놓으면 안되고 이런 방법을 사용해야만 한다면 2개씩 식을 만들어야 된다는 사실을 주의 하자. $x:y=a:b$에서 $ay=bx$이고 $y:z=b:c$에서 $bz=cy$이다. 또한 구해야 하는 값이 3개인데 주어진 식이 2개뿐이라면 적당한 연립을 통해 한문자로 정리할 수 있다. 식이 부족하다고 당황하지 말고 한문자로 정리하는 습관을 갖도록 하자.

유제 13 (5회 복습 1 2 3 4 5)

$\dfrac{x+y}{3}=\dfrac{y+z}{4}=\dfrac{z+x}{5}$일 때, 다음 식의 값을 구하여라.

(1) $x : y : z$

(2) $\dfrac{xy+yz+zx}{x^2+y^2+z^2}$

유제 14 (5회 복습 1 2 3 4 5)

0이 아닌 실수 x, y, z에 대하여 $2x-3y+z=0$, $6x+y-2z=0$일 때, $\dfrac{y+z}{x}+\dfrac{z+x}{y}+\dfrac{x+y}{z}$의 값을 구하여라.

유제 15 (5회 복습 1 2 3 4 5)

$\dfrac{x+y}{2x+y}=\dfrac{4}{7}$일 때, $\dfrac{xy}{x^2-xy}$의 값을 구하여라.

필수예제 06 가비의 리

$\frac{x+2y}{3}=\frac{3y-2z}{4}=\frac{z+x}{5}=\frac{4x+5z}{k}$ 일 때, k의 값을 구하시오. (단, $xyz \neq 0$)

$\frac{b+3c}{2a}=\frac{3c+2a}{b}=\frac{2a+b}{3c}=k$일 때, k의 값을 모두 구하시오.

대치동 꿀팁 같은 값을 갖는 분수를 만드는 방법은 크게 2가지 있다. 첫 번째로는 분모 분자에 같은 수를 곱하거나 나누어 주는 방법이고 두 번째는 가비의 리를 통한 방법이다. 가비의 리는 같은 값을 갖는 분수 여러개를 하나로 합치는 방법인데 분모는 분모끼리 모두 더해서 새로운 분모를 만들고, 분자는 분자끼리 모두 더해서 새로운 분자를 만드는 방법이다. 이렇게 만들어진 분수는 같은 값을 갖는데 분모끼리 더할 때는 반드시 0이 아닌 상황에서만 가능하니 이는 주의 하도록 해야 한다.

유제 16 (5회 복습 1 2 3 4 5)

$\frac{x}{2}=\frac{y}{5}=\frac{z}{4}=\frac{3x-2y+kz}{4}$ 일 때, 상수 k의 값을 구하시오. (단, $xyz \neq 0$)

유제 17 (5회 복습 1 2 3 4 5)

$\frac{x+y}{5}=\frac{2y+z}{4}=\frac{z}{3}=\frac{2x+8y-z}{k}$ 일 때, 상수 k의 값은? (단, $xyz \neq 0$)

① 6　② 8　③ 10　④ 12　⑤ 14

유제 18 (5회 복습 1 2 3 4 5)

$\frac{-2a+3b+3c}{a}=\frac{-2b+3c+3a}{b}=\frac{-2c+3a+3b}{c}=k$일 때, 모든 k의 값의 합을 구하시오.

필수예제 07 비례식의 활용

신입생 정시 모집에서 A, B 두 학교의 지원자의 수의 비는 $1:2$, 합격자의 수의 비는 $3:4$, 불합격자의 수의 비는 $2:5$일 때, A학교의 합격률을 구하여라.

대치동 꿀팁 비율로 주어진 활용 문제에서는 비율을 값으로 표현해서 접근하도록 하자. $x:y=a:b$라면 $x=ak$, $y=bk$와 같이 셋팅하는 것을 추천한다. 또한 합격률 $=\frac{\text{합격자의 수}}{\text{지원자의 수}}$이다.

유제 19 5회 복습 1 2 3 4 5

A, B 두 학교의 모의고사 결과 1등급인 학생 수의 비는 $2:1$, 2등급인 학생 수의 비는 $1:2$이었다. 수리 영역의 등급이 2등급 이상인 학생 수의 비가 $4:3$이고, A학교의 수리 영역의 등급이 2등급 이상인 학생 수가 24명이었다고 할 때, A학교에서 수리 영역이 1등급인 학생은 몇 명인지 구하여라.

유제 20 5회 복습 1 2 3 4 5

수질오염의 정도를 수치로 나타내는 한 방법으로 생물학적 지표가 사용된다. 이 지표는 유색생물의 수가 X, 무색생물의 수가 Y일 때, $\frac{Y}{X+Y}\times 100\%$ 로 정의된다. 지난 달 수질검사에서 어떤 호수의 생물학적 지표는 10%이었다. 이번 달에 이 호수의 수질을 검사한 결과, 지난달에 비해 유색생물의 수는 2배, 무색생물의 수는 3배가 되었다. 이번 달 이 호수의 생물학적 지표를 소수 첫째 자리에서 반올림하여 구하여라.

넓이가 각각 A, B, C, D인 정사각형을 오른쪽 그림과 같이 붙여 놓았을 때, $A:D$는?

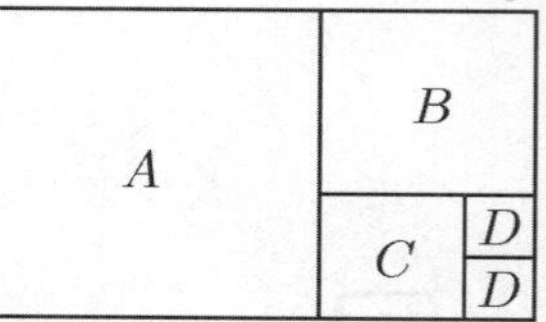

① $8:1$　② $9:1$
③ $16:1$　④ $25:1$
⑤ $36:1$

필수예제 08 유리함수의 점근선과 대칭성

함수 $y=\frac{-2x-1}{x-1}$에 대한 다음 물음에 답하여라.

(1) 정의역 치역
(2) 점근선의 교점좌표
(3) y절편
(4) 함수의 그래프가 지나지 않는 사분면

유리함수 $y=\frac{-x+2}{x+1}$의 그래프가 점$(p,\ q)$에 대하여 대칭이고, 직선 $y=x+a$와 직선 $y=-x+b$에 대하여 대칭일 때, 상수 $p,\ q,\ a,\ b$의 합 $p+q+a+b$의 값을 구하시오.

대치동 꿀팁

일차식 분의 일차식으로 표현된 함수의 그래프는 $y=\frac{a}{x}$에서 모두 파생된다. 태초의 상태인 $y=\frac{a}{x}$의 그래프에서 평행이동을 통해 그래프가 만들어 지는데 이를 확인하는 방법이 대분수화이다. 유리식의 계산에서 연습했던 대분수화를 통해 주어진 식을 변형하면 필요한 것들을 확인할 수 있을 것이다. 또한 대분수화를 진행하지 않고도 바로 점근선의 교점정도는 빠르게 구하는 방법은 알고 있자.
$y=\frac{ax+b}{cx+d}$에서 점근선의 교점은 $\left(-\frac{d}{c},\ \frac{a}{c}\right)$이다.

유제 22 (5회 복습 1 2 3 4 5)

유리함수 $y=\frac{-x-3}{x+2}$의 그래프에 대한 설명으로 옳지 않은 것은?

① $y=-\frac{1}{x}$의 그래프를 x축의 방향으로 -2만큼, y축의 방향으로 -1만큼 평행이동시킨 그래프이다.
② 점근선은 $x=-2,\ y=-1$이다.
③ 점 $(-2,\ -1)$에 대하여 대칭인 그래프이다.
④ y절편은 $(0,\ -3)$이다.

유제 23 (5회 복습 1 2 3 4 5)

유리함수 $y=\frac{2x+1}{x-a}$의 그래프가 직선 $y=x+1$에 대하여 대칭일 때, 상수 a의 값을 구하여라.

유제 24 (5회 복습 1 2 3 4 5)

$y=\frac{3x+1}{x-2}$의 그래프는 직선 $y=ax+b$에 대하여 대칭일 때, ab의 값을 모두 구하여라.

필수예제 09 유리함수의 평행이동

유리함수 $y=\dfrac{-x+5}{x-2}$의 그래프는 $y=\dfrac{a}{x}$의 그래프를 x축의 방향으로 b만큼, y축의 방향으로 c만큼 평행이동 한 것이다. 이때, $a+b+c$의 값을 구하시오.

함수 $y=\dfrac{k}{x+a}+b$ 의 그래프가 아래그림과 같을 때, 상수 a, b, k의 합 $a+b+k$의 값을 구하시오.

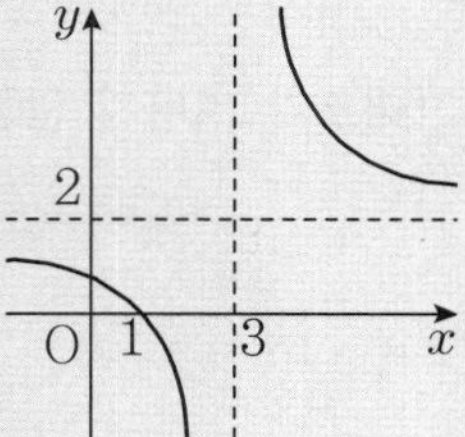

유제 25 (5회 복습 1 2 3 4 5)

유리함수 $y=\dfrac{2x+5}{2x-1}$의 그래프는 $y=\dfrac{k}{x}$의 그래프를 x축의 방향으로 a만큼, y축의 방향으로 b만큼 평행 이동한 것이다. 이때, 상수 a, b, k의 합 $a+b+k$의 값은?

① 4 ② $\dfrac{9}{2}$ ③ 5 ④ $\dfrac{11}{2}$ ⑤ 6

유제 26 (5회 복습 1 2 3 4 5)

유리함수 $y=\dfrac{a}{x+b}+c$의 그래프가 오른쪽 그림과 같을 때, 상수 a, b, c의 합 $a+b+c$의 값은?

① -2 ② -1 ③ 0
④ 1 ⑤ 2

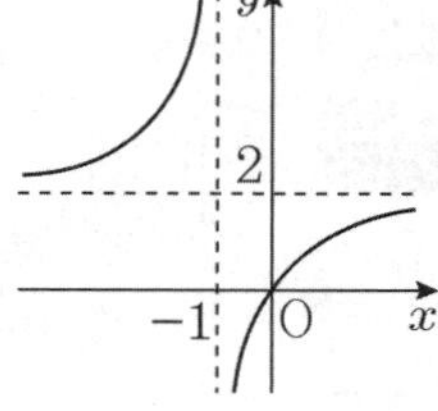

유제 27

5회 복습 1 2 3 4 5

오른쪽 함수의 그래프를 x축 방향으로 3만큼, y축방향으로 2만큼 평행이동한 그래프는 $y=\frac{bx+c}{x+a}$이다. $a+b+c$의 값을 구하시오.

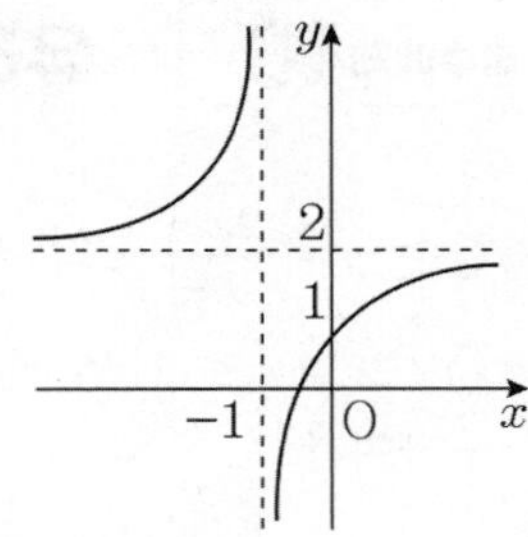

필수예제 10 유리함수의 치역

함수 $y=\frac{2x+1}{x-1}$의 정의역이 $\{x \mid 2 \le x \le 4\}$일 때, 최댓값과 최솟값을 구하여라.

함수 $y=\frac{2x+4}{x+1}$의 정의역이 $\{x \mid -2 \le x < -1, -1 < x \le 1\}$일 때, 치역을 구하여라.

대치동 꿀팁 최대, 최소를 구할 때, 그래프를 그릴 수 있다면 반드시 그리도록 하자. 물론 주어진 정의역을 보고 양쪽 끝 값을 대입해 답을 낼 수도 있겠으나 엄밀히 정확한 풀이는 아니다. 시험이라면 그렇게 해도 좋겠지만 지금은 연습하는 단계이므로 정확하게 그래프를 그린 다음 정의역을 셋팅해서 가장 큰 값과 가장 작은 값을 확인하도록 하자.

유제 28 (5회 복습 1 2 3 4 5)

유리함수 $y=\frac{x-1}{x+2}\,(-1 \le x \le 2)$의 최댓값과 최솟값을 각각 구하여라.

유제 29 (5회 복습 1 2 3 4 5)

유리함수 $y=\frac{3}{x-1}+k$의 정의역이 $\{x \mid -2 \le x \le 0\}$이고 최솟값이 1일 때 최댓값을 구하시오.

유제 30 (5회 복습 1 2 3 4 5)

함수 $y=\frac{2x-10}{x-6}$의 치역이 $\{y \mid y \le 0 \text{ 또는 } y \ge 4\}$일 때, 정의역을 구하여라.

필수예제 11 유리함수의 합성/역함수

함수 $f(x)=\frac{x-1}{x}$에 대하여 $f^{2009}(3)$의 값을 구하여라.(단, $f^2=f\circ f$, $f^3=f\circ f^2$, $\cdots$, $f^{n+1}=f\circ f^n$이고, n은 자연수이다.)

함수 $f(x)=\frac{x+5}{2x+1}$의 역함수를 $f^{-1}(x)$라고 할 때, $(f^{-1}\circ f\circ f^{-1})(2)+(f\circ f^{-1})(3)$의 값을 구하여라.

대치동 꿀팁 유리식을 여러 번 합성해서 답을 구해야하는 경우 (문제로써 가치가 있으려면) 반드시 주기성을 띄게 된다. 즉, 하나씩 구해보면 답을 낼 수 있으므로 반드시 시도해 보자. 또한 유리함수의 역함수를 구할 때는 x와 y를 바꿔서 정리하는 방법으로 무조건 구할 수 있겠으나 $y=\frac{a}{x}$의 역함수가 $y=\frac{a}{x}$와 같이 자기자신이라는 것과 역함수와 원래함수의 평행이동관계가 반대라는 사실을 이용해 이론적인 접근으로 역함수를 구하는 연습을 해보자. $y=\frac{a}{x-m}+n$의 역함수는 $y=\frac{a}{x-n}+m$과 같이 평행이동의 정보가 바뀐다.

유제 31 함수 $f(x)=\frac{x-3}{x+1}$에 대하여 $f_1(x)=f(x)$, $f_{n+1}(x)=(f\circ f_n)(x)$ (n은 자연수)로 정의할 때, $f_{2009}(2)$의 값을 구하여라.

유제 32 함수 $f(x)=\frac{bx+c}{2x+a}$의 역함수가 $f^{-1}(x)=\frac{4x+7}{2x-5}$일 때, $a+b+c$의 값은?

① 5 ② 6 ③ 7 ④ 8 ⑤ 9

유제 33 함수 $f(x)=\frac{kx}{2x+3}$에 대하여 $(f\circ f)(x)=x$가 성립할 때, 상수 k의 값을 구하여라.

내신기출 맛보기

정답 및 해설 48p

01 2021년 단대부고 기출 변형 ★☆☆

$x \neq 1$인 모든 실수 x에 대하여 등식 $\dfrac{a}{x-1} - \dfrac{2x+b}{x^2+x+1} = \dfrac{-2x+c}{x^3-1}$이 항상 성립할 때, 상수 a, b, c에 대하여 $a+b+c$의 값은?

① 16 ② 14 ③ 12
④ 10 ⑤ 8

02 2021년 세종고 기출 변형 ★☆☆

$\dfrac{20}{13} = 1 + \cfrac{1}{1 + \cfrac{1}{1 + \cfrac{1}{m}}}$이 성립할 때, 자연수 m의 값은?

① 4 ② 5 ③ 6
④ 7 ⑤ 8

03 2021년 세종고 기출 변형 ★☆☆

다음 함수의 그래프 중 평행이동하면 서로 겹쳐지지 <u>않는</u> 것은?

① $y = \dfrac{2x+1}{x}$ ② $y = \dfrac{x+2}{x+1}$ ③ $y = \dfrac{-x+2}{x-1}$
④ $y = \dfrac{2x+3}{x+2}$ ⑤ $y = \dfrac{3x-5}{x-2}$

04 2021년 경기고 기출 변형 ★☆☆

$f(x) = ax+1$, $g(x) = \dfrac{x+2}{x}$, $(g^{-1} \circ f^{-1})(3) = 2$ 일 때, $f(5)$의 값은?

① 10 ② 8 ③ 6
④ 4 ⑤ 2

05 2020년 서울고 기출 변형 ★☆☆

유리함수 $y=\frac{bx+c}{x+a}$의 그래프가 원점을 지나고 두 직선 $y=x+3$, $y=-x+5$에 대하여 대칭일 때, $a+b+c$의 값은? (단, a, b, c는 상수이다.)

① 1　② 2　③ 3　④ 4　⑤ 5

06 2020년 세화고 기출 변형 ★★☆

두 유리함수 $y=\frac{3kx+1}{x+k}$, $y=\frac{2}{x-k}-k+1$의 그래프의 점근선으로 둘러싸인 도형의 둘레의 길이가 34일 때, 양수 k의 값은? $\left(단,\ k\neq\frac{1}{4}\right)$

① 1　② 2　③ 3　④ 4　⑤ 5

07 2021년 영동고 기출 변형 ★★★

$3\leq x\leq 5$인 모든 실수 x에 대하여 부등식 $m(x+1)\leq\frac{2x-2}{x-2}\leq n(x+1)$가 성립하도록 하는 두 상수 m, n에 대하여 m의 최댓값과 n의 최솟값의 합은?

① $\frac{11}{9}$　② $\frac{4}{3}$　③ $\frac{13}{9}$　④ $\frac{14}{9}$　⑤ $\frac{5}{3}$

›› Ⅵ 함수

23

무리식과 무리함수

1 무리식의 계산

THEME1. 무리식

THEME2. 유리화

THEME3. $x=\dfrac{\sqrt{a}-b}{c}$ 일 때, 식의 값 구하기

2 무리함수

THEME1. 무리함수 $y=\sqrt{ax}$ 의 그래프

THEME2. 무리함수 $y=\sqrt{a(x-p)}+q$ 의 그래프

THEME3. 무리함수의 역함수

THEME4. 무리함수의 직선의 위치관계

개념정리 01

무리식의 계산

THEME 1 무리식

근호 안에 문자가 포함되어 있는 식 중에서 유리식으로 나타낼 수 없는 것을 **무리식**이라고 한다.

예를 들어 $\sqrt{3x}$, $\sqrt{1-x}+2$, $\dfrac{x}{\sqrt{1+x^2}}$는 모두 무리식이다.

무리식의 값이 실수가 되려면 근호 안에 없는 식의 값이 양수 또는 0이어야 한다.
따라서 무리식을 계산할 때는 (근호 안에 있는 식의 값)≥ 0이 되는 범위에서만 생각한다.

❶ 무리식 $\sqrt{x+1}$의 값이 실수가 되려면 근호 안의 수가 0보다 크거나 같아야 하므로
$x+1 \geq 0$, $x \geq -1$

❷ 무리식 $\dfrac{1}{\sqrt{x+1}}$의 값이 실수가 되려면 분모가 0이 아니어야 하므로 $x+1>0$, $x>-1$

고등수학(상)에서 배운 복소수에서는 $\sqrt{\ }$ 안이 음수인 경우 허수라는 개념을 사용했는데, 이 단원에서는 고려할 필요가 없나요?

⇨ 무리식의 계산을 주제로 문제를 출제하는 경우에는 문제에 안전장치가 걸려있을 것이다.
그 안전장치는 지극히 당연해서 문제를 풀 때 당연시 여겨지는 사항이므로 절대 혼자서 헷갈리지 않길 바란다.

ex) $(\sqrt{x+3}+\sqrt{x-1})(\sqrt{x+3}-\sqrt{x-1})$를 간단히 하여라 : 말 그대로 식을 정리하란 뜻, $\sqrt{\ }$ 안이 음수인지는 고려대상이 아니다.

사실 $\sqrt{x}+\sqrt{x+3}=5$에서 x값을 구하는 '무리방정식'은 교육과정에서 빠졌다. 그럼에도 불구하고 가끔 문제의 마지막 부분을 무리방정식의 계산으로 처리해야 하는 경우가 종종 나오긴 하지만, 당연히 문제에 실근이라는 언급을 함으로써 $\sqrt{\ }$ 안이 음수인 경우는 제거해야 한다는 안전장치를 만나게 될 것이니 어렵게 생각하지 말자.

결국 이 단원에서의 무리식은 $\sqrt{\ }$ 안의 식이 음이 아닐 때만 생각해 주면 되고, 다음과 같은 성질이 있다.

(1) $a \geq 0,\ b \geq 0$일 때, $\sqrt{a}\sqrt{b}=\sqrt{ab}$, $\dfrac{\sqrt{a}}{\sqrt{b}}=\sqrt{\dfrac{a}{b}}$ $(b \neq 0)$

(2) $\sqrt{a^2}=|a|=\begin{cases} a(a \geq 0) \\ -a(a<0) \end{cases}$

(3) $\sqrt[3]{a^3}=a$

THEME 2 유리화

분모에 근호를 포함한 수나 식이 있을 때, 계산을 편리하게 하기 위해 분모, 분자에 적당한 수 또는 식을 곱하여 분모에 근호가 포함되어 있지 않도록 변형하는 것을 『분모의 유리화』라 한다.

그러나 필요에 따라서는 분자에 있는 근호를 제거시키는 경우도 있다. 이를 『분자의 유리화』라고 하며 분모의 유리화와 분자의 유리화를 합쳐서 유리화라고 한다. (극한 단원에서 자주 등장)

$$\frac{\sqrt{a}+\sqrt{b}}{A}=\frac{(\sqrt{a}+\sqrt{b})(\sqrt{a}-\sqrt{b})}{A(\sqrt{a}-\sqrt{b})}=\frac{a-b}{A(\sqrt{a}-\sqrt{b})}$$

$a>0,\ b>0$일 때,

(1) $\dfrac{a}{\sqrt{b}}=\dfrac{a\sqrt{b}}{\sqrt{b}\sqrt{b}}=\dfrac{a\sqrt{b}}{b}$

(2) $\dfrac{A}{\sqrt{a}+\sqrt{b}}=\dfrac{A(\sqrt{a}-\sqrt{b})}{(\sqrt{a}+\sqrt{b})(\sqrt{a}-\sqrt{b})}=\dfrac{A(\sqrt{a}-\sqrt{b})}{a-b}$ (단, $a \neq b$)

(3) $\dfrac{A}{\sqrt{a}-\sqrt{b}}=\dfrac{A(\sqrt{a}+\sqrt{b})}{(\sqrt{a}-\sqrt{b})(\sqrt{a}+\sqrt{b})}=\dfrac{A(\sqrt{a}+\sqrt{b})}{a-b}$ (단, $a \neq b$)

THEME 3 $x=\frac{\sqrt{a}-b}{c}$일 때, 식의 값 구하기.

가령 $x=\frac{\sqrt{5}-1}{2}$일 때, x^3-x+1의 값을 구해보자.

물론 x^3-x+1의 식에 $x=\frac{\sqrt{5}-1}{2}$를 직접 대입하여 계산을 해도 되겠지만 만일 그렇게 하는 자기 자신을 발견하게 된다면 당장 멈춰야 한다.
출제자는 그런 의도로 문제를 낸 것이 아니다! 대입은 하겠지만 우선 식을 변형해야 한다.
$x=\frac{\sqrt{5}-1}{2}$ -> $2x=\sqrt{5}-1$ -> $2x+1=\sqrt{5}$에서 양변을 제곱하면
$4x^2+4x+1=5$ -> $x^2+x-1=0$ -> $x^2=-x+1$ -> $x^3=-x^2+x$
즉, $x^3=-x^2+x$과 $x^2=-x+1$을 이용해 구하고자 하는 식을 먼저 간단히 바꾼 다음 마지막에 대입을 해주면, $x^3-x+1=(-x^2+x)-x+1=-x^2+1=-(-x+1)+1=x$
이므로 $x^3-x+1=x=\frac{\sqrt{5}-1}{2}$이다.

02 무리함수

THEME 1 무리함수 $y=\sqrt{ax}$의 그래프

일반적으로 무리함수 $y=\sqrt{ax}$ $(a\neq 0)$의 그래프는 a의 값의 부호에 따라 오른쪽 그림과 같다.

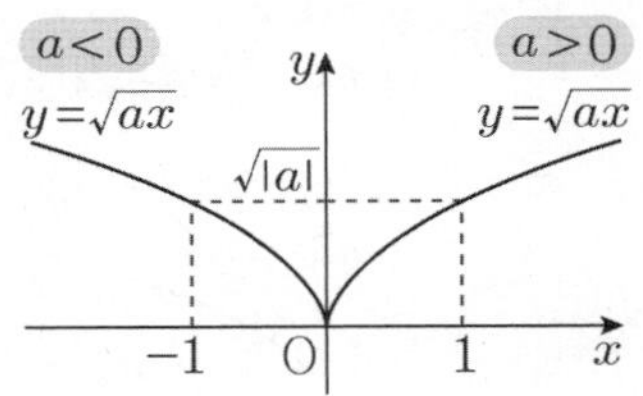

또 함수 $y=-\sqrt{ax}$ $(a\neq 0)$의 그래프는 함수 $y=\sqrt{ax}$의 그래프와 x축에 대하여 대칭이므로, a의 값의 부호에 따라 오른쪽 그림과 같다.

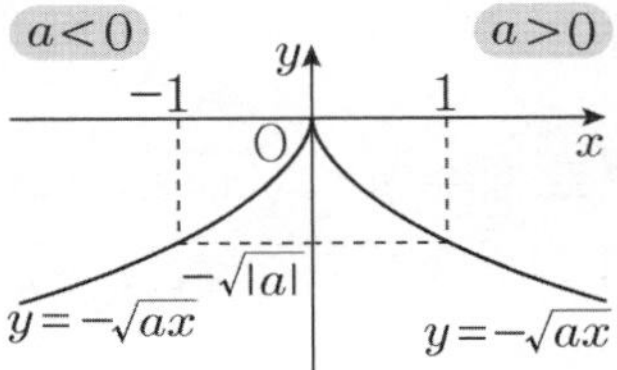

무리함수 $y=\sqrt{ax}$ $(a\neq 0)$의 그래프에 대하여 다음을 알 수 있다.

무리함수 $y=\sqrt{ax}$ $(a\neq 0)$의 그래프

(1) $a>0$일 때, 정의역은 $\{x|x\geq 0\}$, 치역은 $\{y|y\geq 0\}$이다.
(2) $a<0$일 때, 정의역은 $\{x|x\leq 0\}$, 치역은 $\{y|y\geq 0\}$이다.
(3) 무리함수 $y=\pm\sqrt{ax}$의 그래프는 a의 절댓값이 클수록 x축으로부터 멀어진다.

쉽게 말해 무리함수는 스타팅 포인트를 갖는다고 생각하자. 무리함수 $y=\sqrt{ax}$는 태초의 상태로서 스타팅 포인트가 $(0,0)$이다. 다른 무리함수는 $\sqrt{\ }$ 안에 있는 값이 0이 될 때의 x를 구하고, 이를 다시 대입하여 구한 y값을 스타팅 포인트의 x좌표와 y좌표로 한다.
그런 다음 $\sqrt{\ }$ 앞의 부호가 $+$이면 위로 뻗고, $-$이면 아래로 뻗는다.
또한 $\sqrt{\ }$ 안에 있는 x앞의 부호 (x의 계수의 부호)가 $+$이면 오른쪽으로 뻗고, $-$이면 왼쪽으로 뻗는다.

THEME 2 무리함수 $y=\sqrt{a(x-p)}+q$의 그래프

함수 $y=\sqrt{a(x-p)}+q$ $(a\neq 0)$의 그래프는 함수 $y=\sqrt{ax}$ $(a\neq 0)$의 그래프를 x축의 방향으로 p만큼, y축의 방향으로 q만큼 평행이동한 것이다.

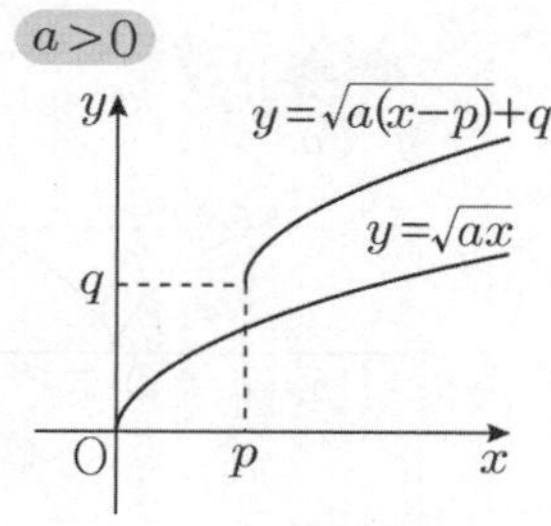

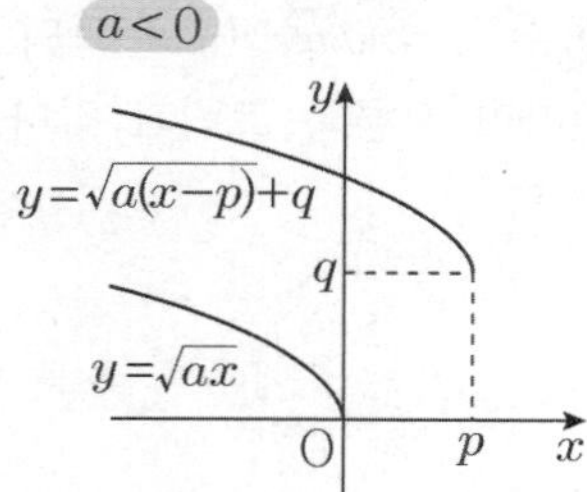

일반적으로 함수 $y=\sqrt{ax+b}+c$ $(a\neq 0)$의 그래프는 함수 $y=\sqrt{a(x-p)}+q$ $(a\neq 0)$의 꼴로 변형하여 그린다.

THEME 3 무리함수의 역함수

함수 $y=f(x)$의 그래프와 그 역함수 $y=g(x)$의 그래프는 직선 $y=x$에 대하여 대칭이다.
만약 $f(x)=\sqrt{x+1}$의 그래프와 그 역함수 $f^{-1}(x)$의 그래프의 교점을 구해야 하는 경우가 있다면 역함수 $f^{-1}(x)$를 직접 구하지 않는다. 무리함수 $y=f(x)$의 그래프와 그 역함수 $y=f^{-1}(x)$의 만남은 $y=x$선상에서 일어나기 때문에 굳이 $f^{-1}(x)$를 직접 구하지 말고, $y=f(x)$와 $y=x$의 만남을 생각해 주면 된다.
즉, $\sqrt{x+1}=x$의 방정식을 풀어주면 교점의 x좌표를 구할 수 있다.

물론, 역함수를 아예 구할 필요가 없단 뜻은 아니다. 문제에서 역함수를 직접 구해야만 한다면 구하도록 해야하고, 앞서 배운 역함수 구하기를 직접 적용시켜주면 된다.
$y=\sqrt{x+1}$의 역함수를 직접 구해보자. 이때는 정의역과 치역을 먼저 세팅해주자.
정의역은 $-1\leq x$이고, 치역은 $0\leq y$이며, 역함수를 구하기 위해 x와 y의 역할을 바꿔주면 $x=\sqrt{y+1}$ 이고 정의역과 치역 또한 바꿔주면 $-1\leq y$, $0\leq x$이다.

이제 $y=f(x)$의 형태로 예쁘게 정리해 주기 위해 양변을 제곱하면
$x^2=y+1$ ⇨ $y=x^2-1$ $(0 \le x)$: 반드시 정의역이 쓰여야 한다! y의 범위(치역)은 안 써도 된다. 써도 괜찮지만^^

THEME 4 무리함수의 직선의 위치관계

무리함수 $y=\sqrt{ax+b}+c$와 직선 $y=mx+n$의 만남을 생각할 때는 연립을 통해 이차방정식을 만든 후 판별식을 이용하면 된다. 하지만 여기서 중요한 점은 무리함수와 직선이 서로 다른 두 점에서 만난다고 해서 연립을 통한 이차방정식의 판별식 $D>0$라고 하면 안된다. 마찬가지로 만나지 않는다고 해서 판별식 $D<0$라고 해서도 안된다. 오로지 "접한다"로 해석해서 $D=0$을 이용하여 접할 때의 상황을 먼저 구하도록 하자.

그런 다음 접할 때를 기준으로 직선이 어떻게 생기면 문제에서 요구하는 상황을 만족할 수 있는지를 그래프를 그려 확인해가면서 문제를 해결하도록 하자.

(1) 기울기가 일정한 직선의 경우

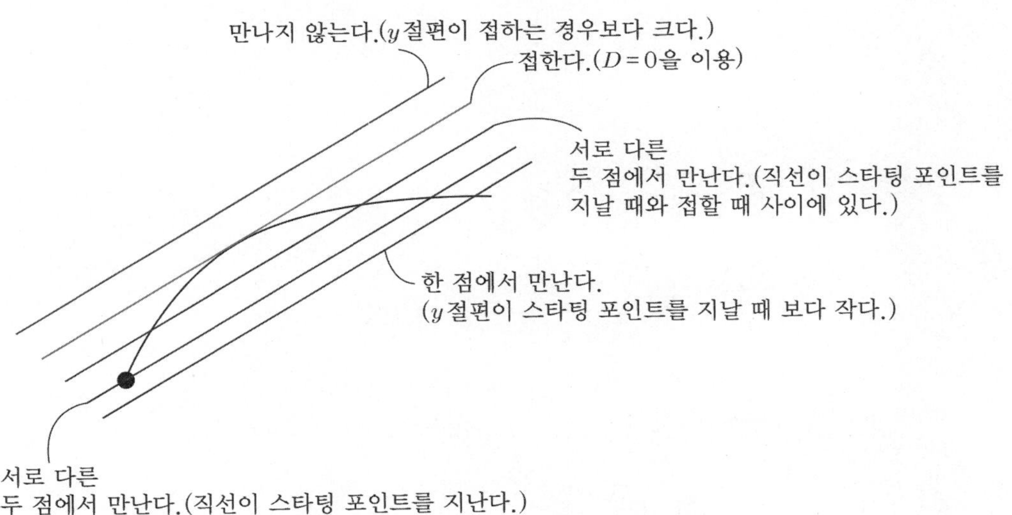
만나지 않는다.(y절편이 접하는 경우보다 크다.)
접한다.($D=0$을 이용)
서로 다른
두 점에서 만난다.(직선이 스타팅 포인트를
지날 때와 접할 때 사이에 있다.)
한 점에서 만난다.
(y절편이 스타팅 포인트를 지날 때 보다 작다.)
서로 다른
두 점에서 만난다.(직선이 스타팅 포인트를 지난다.)

(2) 지나는 점이 일정한 직선의 경우

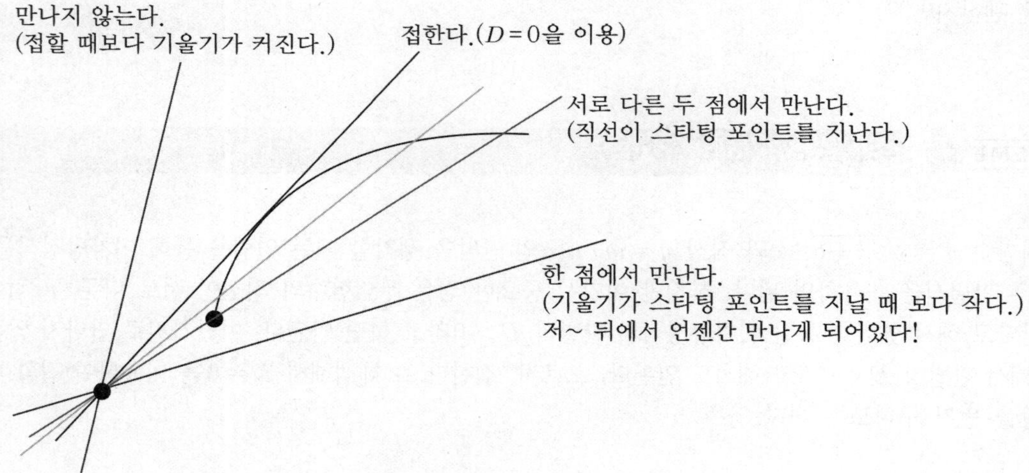
만나지 않는다.
(접할 때보다 기울기가 커진다.)
접한다.($D=0$을 이용)
서로 다른 두 점에서 만난다.
(직선이 스타팅 포인트를 지난다.)
한 점에서 만난다.
(기울기가 스타팅 포인트를 지날 때 보다 작다.)
저~ 뒤에서 언젠간 만나게 되어있다!

필수예제 01 무리식의 성질

$1 < a < 3$일 때,
$\sqrt{a^2-6a+9}+\sqrt{a^2-2a+1}$의 값을 구하여라.

0이 아닌 실수 a, b, c에 대하여
$\sqrt{a}\sqrt{b}=-\sqrt{ab}$, $\dfrac{\sqrt{c}}{\sqrt{a}}=-\sqrt{\dfrac{c}{a}}$ 이 성립할 때, $\sqrt{(a+b)^2}-|c-a|+|2b-c|$을 간단히 하시오.

대치동 꿀팁 $\sqrt{a^2}=|a|$임을 이용하여 절댓값을 제거할 수 있다. 또한 $\sqrt{\ }$ 끼리는 곱셈과 나눗셈에 대하여 매우 자유롭지만 각각 한 가지 경우에 대해서는 $-$가 생긴다는 사실을 다시 한번 확인하도록 하자.

유제 01 5회 복습 1 2 3 4 5

두 실수 a, b에 대하여 $\dfrac{\sqrt{a}}{\sqrt{b}}=-\sqrt{\dfrac{a}{b}}$ 일 때, $\sqrt{(a-b)^2}-\sqrt{b^2}+2\sqrt{a^2}$을 간단히 하면?

① $-3a$　② $-a$　③ a
④ $3a$　⑤ $3a-2b$

유제 02 5회 복습 1 2 3 4 5

$\dfrac{\sqrt{x}}{\sqrt{x-1}}=-\sqrt{\dfrac{x}{x-1}}$ 일 때, $\sqrt{(x-1)^2}+\sqrt{(x+2)^2}$을 간단히 하면? (단, $x\neq 1$)

① -3　② 1　③ 3
④ $3-2x$　⑤ $2x-3$

유제 03 5회 복습 1 2 3 4 5

무리식 $\sqrt{x+2}+\sqrt{3-x}$의 값이 실수가 되도록 하는 x에 대하여 $\sqrt{x^2+4x+4}+|x-4|$의 값을 구하시오.

필수예제 02 분모의 유리화와 정수/소수 부분

$\dfrac{1}{1+\sqrt{1+x}}+\dfrac{1}{1-\sqrt{1+x}}$을 간단히 하시오.(단, $1+x>0$)

$4-\sqrt{3}$의 정수 부분을 a, 소수 부분을 b라 할 때, $\dfrac{1}{b}-a$의 값을 구하여라.

대치동 꿀팁 숫자의 세상에서 유리화를 진행할 수 있었다면 식의 세상에서도 유리화를 진행할 수 있다. 숫자의 세상에서와 마찬가지로 켤레식을 분모 분자에 곱해주면 유리화를 통한 식 변형이 가능하다. 또한 '실수=정수 부분+소수 부분'으로 표현할 수 있으므로 복잡한 수라도 그 수의 정수 부분을 정확히 구할 수 있다면 '소수 부분=실수−정수 부분'을 통해 소수 부분도 정확하게 구할 수 있다.

유제 04 (5회 복습 1 2 3 4 5)

$\dfrac{1}{1+\dfrac{2}{\sqrt{2}-1}}$의 값은?

① $\dfrac{2-\sqrt{2}}{4}$ ② $3-2\sqrt{2}$ ③ $\sqrt{2}$ ④ $\sqrt{2}+1$ ⑤ $2\sqrt{2}$

유제 05 (5회 복습 1 2 3 4 5)

$3-\sqrt{2}$의 정수 부분을 a, 소수 부분을 b라 할 때, $\dfrac{1}{a-b}-b$의 값을 구하여라.

유제 06 (5회 복습 1 2 3 4 5)

$\dfrac{\sqrt{x+1}-\sqrt{x}}{\sqrt{x+1}+\sqrt{x}}+\dfrac{\sqrt{x+1}+\sqrt{x}}{\sqrt{x+1}-\sqrt{x}}$을 간단히 하여라.

필수예제 03 무리식의 값 구하기

$x=\frac{\sqrt{2}+1}{\sqrt{2}-1}$일 때, $\frac{\sqrt{x}-1}{\sqrt{x}+1}+\frac{\sqrt{x}+1}{\sqrt{x}-1}$의 값을 구하여라.

$x=\frac{\sqrt{2}-1}{\sqrt{2}+1}$, $y=\frac{\sqrt{2}+1}{\sqrt{2}-1}$ 일 때, x^2+xy+y^2의 값을 구하여라.

$x=3+2\sqrt{2}$ 일 때, $x^3-4x^2-11x+7$의 값을 구하여라.

대치동 꿀팁 복잡한 무리식의 계산에서는 바로 대입하기보단 문제에 나와 있는 주인공들을 유리화해서 정리하도록 하자. 또한 정리된 주인공들의 합, 차 또는 곱을 구해보면 직접대입해서 계산하는 것보다 쉽게 답을 만들 가능성이 높겠다.

유제 07

5회 복습 1 2 3 4 5

$x=\sqrt{2}$일 때, $\frac{\sqrt{x+1}+\sqrt{x-1}}{\sqrt{x+1}-\sqrt{x-1}}$의 값을 구하여라.

유제 08

5회 복습 1 2 3 4 5

$x=\frac{2-\sqrt{3}}{2+\sqrt{3}}$, $y=\frac{2+\sqrt{3}}{2-\sqrt{3}}$일 때, $\frac{x}{y}+\frac{y}{x}$의 값을 구하여라.

유제 09

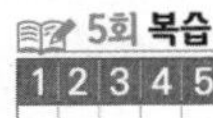

5회 복습 1 2 3 4 5

$x=\sqrt{2}+1$일 때, x^3-x^2-3x+4의 값은?

① $\sqrt{2}$　② $2\sqrt{2}$　③ 3　④ 5　⑤ $3+2\sqrt{2}$

필수예제 04 무리수가 서로 같을 조건

$(a+2\sqrt{3})(2-\sqrt{3})=-4+b\sqrt{3}$이 성립할 때, 유리수 a, b의 값을 구하시오.

유리수 x, y에 대하여 $x-1+(y-x+2)\sqrt{2}=0$이 성립할 때, xy의 값을 구하시오.

대치동 꿀팁 a, b, c, d가 유리수일 때, $a+b\sqrt{2}=c+d\sqrt{2}$를 만족하면 $a=c$, $b=d$이다. 이처럼 반드시 무리식의 상등을 해결할 때는 유리수의 조건을 확인해야만 한다.

유제 10 유리수 x, y에 대하여 $x+2+(y-1)\sqrt{3}=3+4\sqrt{3}$이 성립할 때, $x+y$의 값을 구하시오.

5회 복습 1 2 3 4 5

유제 11 $\dfrac{a}{1-\dfrac{1}{\sqrt{2}+1}}=4-b\sqrt{2}$를 만족시키는 정수 a, b에 대하여 $a-b$의 값을 구하여라.

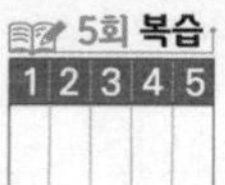

5회 복습 1 2 3 4 5

유제 12 이차방정식 $x^2+ax+b=0$의 한 근이 $2-\sqrt{3}$일 때, 유리수 a, b의 합 $a+b$의 값은?

5회 복습 1 2 3 4 5

① -5 ② -3 ③ -1
④ 1 ⑤ 3

필수예제 05 무리함수의 그래프

다음 함수의 정의역, 치역을 구하고 지나지 않는 사분면을 구하라.

(1) $y=\sqrt{2x+1}-3$

(2) $y=\sqrt{4-2x}+1$

(3) $y=1-\sqrt{3x-6}$

(4) $y=5-\sqrt{3-x}$

대치동 꿀팁 무리함수의 그래프는 지금까지의 그 어떤 함수보다 쉽게 그릴 수 있다. 부호에 따라 4가지 유형을 기억하고 무리함수가 시작되는 스타팅 포인트를($\sqrt{\ }$ 안의 식이 0이 될 때)정확히 확인하면 된다.

유제 13 5회 복습 1 2 3 4 5

함수 $y=\sqrt{6-3x}+1$ 의 그래프에 대한 〈보기〉의 설명에서 옳은 것만을 있는 대로 고른 것은?

〈보기〉

ㄱ. 정의역은 $\{x \mid x \leq 2\}$ 이다.

ㄴ. 함수 $y=\sqrt{-3x}$ 의 그래프를 x 축의 방향으로 2 만큼, y축의 방향으로 1만큼 평행이동한 것이다.

ㄷ. 제1, 4사분면을 지난다.

① ㄱ ② ㄴ ③ ㄱ, ㄴ
④ ㄴ, ㄷ ⑤ ㄱ, ㄴ, ㄷ

유제 14 5회 복습 1 2 3 4 5

함수 $y=\sqrt{-2x+a}+b$의 정의역이 $\{x|x\leq 1\}$이고, 치역이 $\{y|y\geq 3\}$일 때, 상수 a, b의 곱 ab의 값을 구하여라.

필수예제 06 무리함수 식 만들기

무리함수 $y=\sqrt{-2x+a}+b$의 그래프는 $y=\sqrt{-2x}$ 의 그래프를 x축의 방향으로 2만큼, y축의 방향으로 3만큼 평행이동 한 것이다. 이때 상수 a, b의 곱 ab의 값을 구하여라.

함수 $y=a\sqrt{x+b}+c$의 그래프가 오른쪽 그림과 같을 때, 상수 a, b, c의 곱 abc의 값을 구하여라.

대치동 꿀팁 무리함수를 평행이동할 때는 스타팅 포인트가 어떻게 움직이는지를 보고 빠르게 식을 작성하도록 하자. 또한, 무리함수의 그래프를 보고 식을 작성할 때는 스타팅 포인트를 최대한 활용해 식을 작성하는 것이 유리하다. 스타팅 포인트가 (m, n)이면 무리함수의 식은 $y=a\sqrt{b(x-m)}+n$이다.

유제 15 5회 복습 1 2 3 4 5

무리함수 $y=\sqrt{-x+1}$ 의 그래프를 x축의 방향으로 2만큼, y축의 방향으로 -1만큼 평행이동한 후, x축에 대하여 대칭이동하면 $y=-\sqrt{ax+b}+c$의 그래프와 일치한다. 이때, 상수 a, b, c의 곱 abc의 값을 구하여라.

유제 16

무리함수 $y=-\sqrt{ax+b}+c$의 그래프가 오른쪽 그림과 같을 때, 상수 a, b, c의 합 $a+b+c$의 값은?

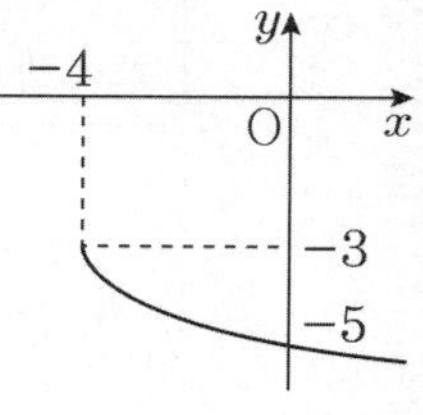

① -2　② -1
③ 0　④ 1
⑤ 2

유제 17 5회 복습 1 2 3 4 5

무리함수 $y=\sqrt{ax+b}+c$의 그래프가 오른쪽 그림과 같을 때, a, b, c의 부호로 옳은 것은?

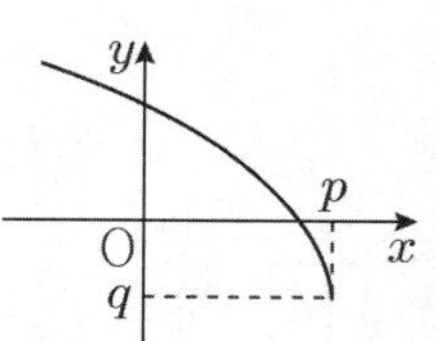

① $a>0,\ b>0,\ \ c>0$
② $a>0,\ b<0,\ \ c>0$
③ $a<0,\ b>0,\ \ c>0$
④ $a<0,\ b>0,\ \ c<0$
⑤ $a<0,\ b<0,\ \ c<0$

필수예제 07 무리함수의 치역

정의역이 $\{x|4 \le x \le 10\}$인 함수 $y=-\sqrt{2x-4}+1$의 치역은 $\{y|a \le y \le b\}$이다. 이때, $a-b$의 값을 구하시오.

대치동 꿀팁 무리함수의 치역을 구할 때는 무리함수의 그래프를 정확히 그리고 문제에서 주어진 정의역을 잘 세팅해 주면 출력되는 함숫값의 범위(치역)을 바로 확인할 수 있다. 물론 양쪽 끝 값을 대입해서 찾을 수도 있지만 지금은 그래프 그리는 연습을 할 단계!

유제 18 (5회 복습 1 2 3 4 5)

$-1 \le x \le 3$에서 함수 $y=3-\sqrt{2x+3}$의 최댓값을 a, 최솟값을 b라 할 때, 실수 a, b의 곱 ab의 값을 구하여라.

유제 19 (5회 복습 1 2 3 4 5)

$-9 \le x \le -1$에서 함수 $y=-2\sqrt{-x}+3$의 최댓값을 M, 최솟값을 m이라 할 때, $\frac{m}{M}$의 값을 구하여라.

유제 20

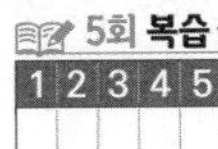

$-6 \le x \le 2$에서 함수 $y=\sqrt{-2x+a}+3$의 최댓값이 7일 때, 최솟값은?

① 1 ② 2 ③ 3 ④ 4 ⑤ 5

필수예제 08 무리함수와 직선의 위치관계

두 함수 $y=\sqrt{x-2}$, $y=x+k$의 그래프가 서로 다른 두 점에서 만나도록 상수 k의 값의 범위를 정하여라.

대치동 꿀팁 무리함수와 직선의 위치관계를 확인할 때는 반드시 그래프를 먼저 그리도록 하자. 그래프 없이 판별식만으로 접근해서는 잘못된 답을 도출할 수 있다. '판별식을 썼는데 답이 나왔고 그것이 정답인데요?' 라고 생각할 수 있지만 우연의 일치일 뿐. 반드시 그리자! 보통 접할 때와 직선이 스타팅 포인트를 지날 때의 상황이 기준이 되니 참고하길!

유제 21 (5회 복습 1 2 3 4 5)

두 함수 $y=\sqrt{x+3}$, $y=x+k$의 그래프가 서로 다른 두 점에서 만나도록 상수 k의 값의 범위를 정하여라.

유제 22 (5회 복습 1 2 3 4 5)

곡선 $y=\sqrt{4-2x}$ 와 직선 $y=-x+k$가 서로 다른 두 점에서 만날 때, 실수 k의 값의 범위는?

① $k \geq 2$
② $k \leq \frac{5}{2}$
③ $0 < k < \frac{5}{2}$
④ $2 < k \leq \frac{5}{2}$
⑤ $2 \leq k < \frac{5}{2}$

유제 23

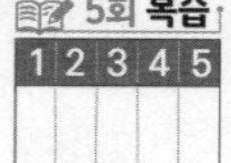

두 함수 $y=\sqrt{x-1}$, $y=mx-1$의 그래프가 서로 다른 두 점에서 만나기 위한 m의 값의 범위가 $\alpha \leq m < \beta$이다. 이때, $\alpha+2\beta$의 값은?

① $3+\sqrt{2}$
② $2+\sqrt{2}$
③ $4-\sqrt{2}$
④ $4+\sqrt{3}$
⑤ $4+3\sqrt{2}$

필수예제 09 무리함수의 역함수

함수 $y=4-\sqrt{2x+6}$의 역함수가 $y=a(x+b)^2+c(x\le d)$일 때, 상수 a, b, c, d의 곱 $abcd$의 값을 구하여라.

함수 $f(x)=\sqrt{x-1}+1$와 그 역함수가 만나는 두 점 사이의 거리를 구하시오.

대치동 꿀팁 함수 $y=f(x)$의 역함수를 구하는 방법은 x와 y의 역할을 바꿔주고(x자리에 y를 y자리에 x를 대입한다) 식을 정리해서 $y=$의 형태로 바꿔주는 것이 유일하다. 이때 주의사항은 원래 함수 $y=f(x)$의 치역이 역함수 $y=f^{-1}(x)$의 정의역이 된다는 사실이고 반드시 표현해 줘야 한다는 것이다. 또한 원래 함수 $y=f(x)$와 $y=f^{-1}(x)$의 만남을 확인할 때는 함수 $y=f(x)$가 증가함수인지 감소함수인지를 확인해야 한다. 만약 증가함수라면 $y=f(x)$와 $y=f^{-1}(x)$의 만남은 $y=f(x)$와 $y=x$의 만남과 같은 상황이므로 방정식 $f(x)=x$를 해결해 주면 되고, 감소함수라면 $y=f(x)$와 $y=f^{-1}(x)$의 만남은 $y=f(x)$와 $y=x$의 만남을 생각하고 $f(a)=b$이면서 $f(b)=a$가 되는 상황도 추가로 고려해 줘야 한다.

유제 24 (5회 복습 1 2 3 4 5)

함수 $y=\sqrt{x-1}+1$의 역함수를 $y=ax^2+bx+c(x\ge d)$라 할 때, 상수 a, b, c, d의 합 $a+b+c+d$의 값은?

① -1　② 0　③ 1　④ 2　⑤ 3

유제 25

함수 $f(x)=\sqrt{x+3}-1$의 역함수를 $y=g(x)$라 할 때, 두 함수의 교점의 좌표를 구하여라.

유제 26 (5회 복습 1 2 3 4 5)

두 함수 $f(x)=\dfrac{x-1}{x}$, $g(x)=\sqrt{2x-1}$에 대하여 $(f\circ(g\circ f)^{-1}\circ f)(2)$의 값은?

① -1　② 0　③ $\dfrac{1}{4}$　④ $\dfrac{5}{8}$　⑤ $\dfrac{7}{8}$

내신기출 맛보기

정답 및 해설 58p

01 2020년 서울고 기출 변형 ★☆☆

다음 식을 간단히 하시오.

$$\frac{2x-\sqrt{3x+1}}{2x+\sqrt{3x+1}}+\frac{2x+\sqrt{3x+1}}{2x-\sqrt{3x+1}}$$

02 2021년 압구정고 기출 변형 ★☆☆

함수 $y=\sqrt{2x+2}-1$에 대한 설명 중 옳지 <u>않은</u> 것은?

① 정의역은 $\{x|x\geq-1\}$이다.

② 치역은 $\{y|y\geq-1\}$이다.

③ 그래프는 점 $(7,\ 3)$을 지난다.

④ 그래프는 $y=\sqrt{2x}$의 그래프를 평행이동한 것이다.

⑤ 그래프는 제 4사분면을 지난다.

03 2021년 휘문고 기출 변형 ★☆☆

무리함수 $y=\sqrt{ax}$의 그래프를 x축의 방향으로 2만큼, y축의 방향으로 b만큼 평행이동하였더니 무리함수 $y=\sqrt{-2x+c}+1$의 그래프와 일치하였다. 세 실수 $a,\ b,\ c$의 합 $a+b+c$의 값은?

① 1 ② 2 ③ 3

④ 4 ⑤ 5

04 2021년 경기여고 기출 변형 ★☆☆

$-4\leq x\leq 3$에서 함수 $y=-\sqrt{-x+a}+2$의 최댓값이 -1일 때, 최솟값은 b이다. $a+b$의 값을 구하시오. (단, $a,\ b$는 상수이다.)

05 2021년 개포고 기출 변형 ★☆☆

함수 $y=\sqrt{3-2x}$ 의 그래프와 함수 $y=-x+k$의 그래프가 서로 다른 두 점에서 만나도록 하는 실수 k의 값의 범위를 구하시오.

06 2020년 동덕여고 기출 변형 ★★☆

무리함수 $f(x)=\sqrt{ax+b}$ 의 역함수를 $g(x)$라 하자. 두 함수 $y=f(x)$, $y=g(x)$의 그래프가 점 $(1, 3)$에서 만날 때, $f(-3)$의 값은? (단, a, b는 상수이다.)

① 1 ② 2 ③ 3
④ 4 ⑤ 5

07 2021년 단대부고 기출 변형 ★★☆

함수 $f(x)=\sqrt{2x-2}+k$의 그래프와 그 역함수 $y=f^{-1}(x)$의 그래프가 서로 다른 두 점에서 만나도록 하는 실수 k의 범위가 $\alpha<k\le\beta$일 때, $\alpha+\beta$의 값은? (단, α, β는 실수이다.)

① $\frac{1}{2}$ ② 1 ③ $\frac{3}{2}$
④ 2 ⑤ $\frac{5}{2}$

08 2021년 중동고 기출 변형 ★★★

함수 $y=\sqrt{x+a}+b$의 그래프가 제1사분면, 제2사분면, 제3사분면을 모두 지나도록 20이하의 두 정수 a, b를 정할 때, 순서쌍 (a, b)의 개수는?

① 48 ② 50 ③ 52
④ 54 ⑤ 56

Ⅶ

순열과 조합

순열

개념정리

01 경우의 수

주사위를 던져서 나올 수 있는 경우의 수는 1, 2, 3, 4, 5, 6 즉, 6가지
동전을 던져서 나올 수 있는 경우의 수는 앞면, 뒷면 즉, 2가지
10 이하의 자연수 중에 하나를 뽑을 때, 그 수가 짝수인 경우의 수는 2, 4, 6, 8, 10 즉, 5가지임을 쉽게 알 수 있다. 또한, 주사위와 동전을 동시에 던져서 나올 수 있는 경우의 수는 $6 \times 2 = 12$가지이다.

THEME 1 합의 법칙

서로 다른 주사위 A, B를 2개를 던질 때, 나오는 눈의 수의 합이 3 또는 9가 되는 경우의 수를 구해보자.
A주사위의 눈의 수를 x, B주사위의 눈의 수를 y라 하면, 순서쌍 (x,y)는
(case1) 눈의 수의 합이 3인 경우는 (1, 2), (2, 1) 의 2가지이고
(case2) 눈의 수의 합이 9인 경우는 (3, 6), (4, 5), (5, 4), (6, 3) 의 4가지이다.
여기서 이들 두 case는 동시에 일어날 수 없는 사건들이므로 눈의 수의 합이 3 또는 9가 되는 경우의 수는 2 + 4 = 6(가지) 이다.

『두 사건 A, B가 동시에 일어나지 않을 때, 사건 A가 일어나는 경우가 m가지이고, 사건 B가 일어나는 경우의 수가 n가지이면 사건 A 또는 사건 B가 일어나는 경우의 수는 $m+n$이다.』

THEME 2 경우의 수와 집합

1부터 15까지 숫자가 적힌 카드 15장이 있다.
이 중에서 한 장의 카드를 뽑을 때, 2의 배수 또는 3의 배수가 나오는 경우의 수를 구해보자.
뽑힌 카드가 2의 배수인 사건을 A, 3의 배수인 사건을 B라 하면, 두 사건 A, B가 일어나는 경우의 수를 각각 집합 A, B로 나타낼 수 있다.
A = {2, 4, 6, 8, 10, 12, 14}, B = {3, 6, 9, 12, 15}이고, 두 사건 A, B가 동시에 일어나는 경우는 $A \cap B$ = {6, 12} 이다.

이때, 2의 배수 또는 3의 배수가 나오는 경우를 집합으로 표현하면 $A \cup B$이다.
따라서 구하는 경우의 수는 $n(A \cup B) = n(A) + n(B) - n(A \cap B)$ = 7 + 5 - 2 = 10(가지) 이다.

THEME 3 곱의 법칙

서울에서 대구로 가는 2가지 길과, 대구에서 부산으로 가는 3가지 길이 있다.

이때, 서울에서 대구를 지나 부산으로 가는 방법의 수를 구해보자.
서울에서 대구로 가는 길 2가지 각각에 대하여 대구에서 부산으로 가는 3가지 길이 존재하므로 구하고자 하는 방법의 수는 $2\times3=6$(가지) 이다.

곱의 법칙

사건 A가 일어나는 경우가 m가지이고, 그 각각에 대하여 사건 B가 일어나는 경우가 n가지일 때, 두 사건 A, B가 동시에 일어나는 경우의 수는 $m\times n$ 이다.

* 여기서 ×(곱하기 연산)를 일이 아직 끝나지 않았다!(X), 일이 계속 진행 중에 있다! 정도로 생각해주자.

THEME 4 약수의 개수와 총합

자연수 n이 $n=a^pb^qc^r$ $(a, b, c$는 서로소인 자연수)과 같이 소인수분해될 때,
(1) 약수의 개수는 $(p+1)(q+1)(r+1)$
(2) 약수의 총합은 $(a^0+a^1+a^2+\cdots+a^p)(b^0+b^1+b^2+\cdots+b^q)(c^0+c^1+c^2+\cdots+c^r)$
(3) a와 서로소인 약수의 개수는 $(q+1)(r+1)$
(4) a와 서로소인 약수의 총합은 $(b^0+b^1+b^2+\cdots+b^q)(c^0+c^1+c^2+\cdots+c^r)$

THEME 5 여사건의 경우의 수

어떤 사건 A에 대하여 사건 A가 일어나지 않는 사건을 사건 A의 여사건이라고 하고 A^C으로 표현한다.
이때, 사건 A가 일어나지 않는 경우의 수는

전체 경우의 수 - 사건 A가 일어나는 경우의 수 즉, $n(A^C)=n(U)-n(A)$ 이다.

02 순열

THEME 1 순열의 뜻

기태, 진원, 하연, 미정이가 순서대로 외나무다리를 건너려 한다. 건너는 방법의 수를 구해보면
첫 번째 : 기태, 진원, 하연, 미정이 중 1명 ⇒ 4가지
두 번째 : 첫 번째 사람을 제외한 3명 중 1명 ⇒ 3가지
세 번째 : 첫 번째 사람, 두 번째 사람을 제외한 2명 중 1명 ⇒ 2가지
네 번째 : 첫 번째 사람, 두 번째 사람, 세 번째 사람을 제외한 1명 중 1명 ⇒ 1가지
즉, 건너는 방법의 수는 $4\times3\times2\times1=24$가지이다.

이처럼 4명의 사람을 일렬로 줄 세우는 경우의 수를 4!(4의 계승)이라고 한다.

1부터 n까지의 자연수를 차례로 곱한 것을 n의 계승이라 하고 기호로 $n!$과 같이 나타낸다.
즉, $n!=n(n-1)(n-2)\cdots3\cdot2\cdot1$ 'n factorial' 이라 한다.

THEME 2 Permutation(순열)

1, 2, 3, 4, 5, 6의 6가지 숫자가 있다. 이들 6가지 숫자를 이용해 3자리 정수를 만들고자 한다. 만들 수 있는 방법의 수는

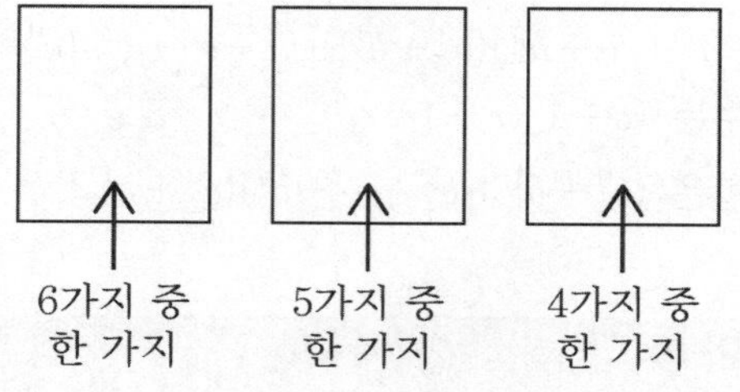

그림처럼 3자리 정수를 만들기 위한 3가지 공간을 만들어 놓자. 그 공간에 숫자를 넣어주기만 하면 된다.
맨 앞에는 6가지, 그 다음은 5가지, 또 그 다음은 4가지이고, 일이 계속 진행되어야 하며, 세 공간에 숫자를 모두 채워야 일이 끝나므로 곱의 법칙을 이용하여 방법의 수를 구하면, $6\times5\times4=120$ (가지)이다.
이처럼 6개 중에서 3개를 뽑아 일렬로 나열하는 경우의 수를 ${}_6P_3$으로 나타내고,
${}_6P_3=6\times5\times4=120$으로 계산한다.

서로 다른 n개에서 r개를 택하는 순열의 수

${}_n\mathrm{P}_r = n(n-1)(n-2)\cdots(n-r+1)$(단, $0 < r \le n$) : n부터 시작해서 하나씩 작아지는 수를 r개 곱한다.

안타깝게도 ${}_n\mathrm{P}_r$ 는 거의 쓸 일이 없다. 하지만 수식에 관련된 문제를 풀 때는 의미도 정확히 알아야 하고 식을 변형할 줄도 알아야 한다. ${}_n\mathrm{P}_r$와 같은 Permutation은 무조건 계승! 즉, factorial 로 바꿀 수 있는데, 다음과 같다.

$${}_n\mathrm{P}_r = \frac{n!}{(n-r)!}\text{(단, } 0 < r \le n)$$

⇒ n명 중에 r명을 줄 세우려면, 일단 n명 전부를 줄 세워! $(n!)$
그리고, 세워서는 안되는 나머지 $(n-r)$명에게 너흰 줄 서지마!$((n-r)!)$ 라는 느낌으로 나누어 주면 된다.

$${}_n\mathrm{P}_n = n!,\ {}_n\mathrm{P}_0 = 1,\ {}_n\mathrm{P}_1 = n,\quad 0! = 1$$

THEME 3 이웃하도록 줄 세우는 경우의 수

『주머니를 이용하자』

A, B, C, D, E, F 6명을 일렬로 줄을 세울 때, A와 B는 이웃하도록 줄을 세우는 방법의 수를 구해보자.
이웃해야 하는 A, B를 주머니로 묶고 나면, 여러분 눈에는 주머니 하나와 나머지 C, D, E, F, 총 5개가 보일 것이다.
이때 이들 5개를 일렬로 나열하는 방법의 수는 $5!$ 이다.
이제 주머니를 벗기면 A와 B가 손을 잡고 있을 뿐, 어떻게 줄을 서야 할지 모르고 있을 것이다.
이때 가볍게 그 둘에게도 줄 서^^(2!) 이라고 이야기해 주면, 구하고자 하는 방법의 수가 $5!\times 2!$ 이라는 사실을 알 수 있다.

THEME 4 이웃하지 않도록 줄 세우는 경우의 수

『칸막이를 설치해서 철저히 찢어라!』

이번에는 A, B, C, D, E, F 6명을 일렬로 줄을 세울 때, A와 B는 이웃하지 않도록 줄을 세우는 방법의 수를 구해보자. 이때는 이웃하건 말건 상관없는 C, D, E, F를 먼저 세우도록 하자. (4!)
그러면 C, D, E, F를 칸막이로 하여 공간이 5개로 분할 될 것이다.

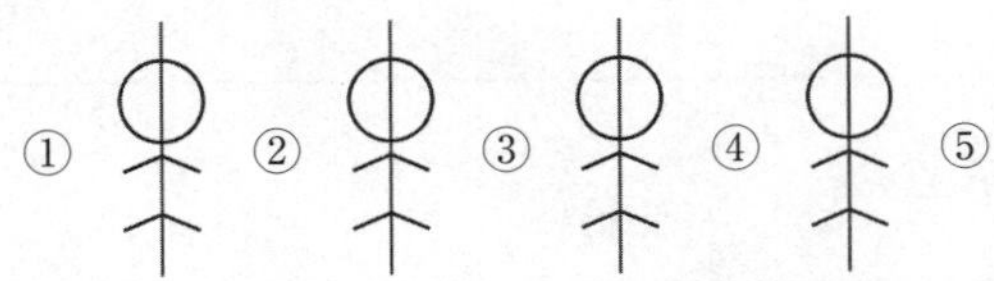

이때, 분할된 공간에 각각 자리표를 ①~⑤까지 준 후,
그 5개의 자리표 중 2개를 뽑아 A, B에게 나누어 주면 (${}_5P_2$) 자리표를 받고 그대로 그 자리에 A, B가 들어가 줄을 서기 때문에 A, B는 절대로 이웃할 수 없게 된다.
따라서 줄 세우는 방법의 수는 $4! \times {}_5P_2$ 이다.

cf) 2명이 이웃하지 않는 경우의 수 = 전체 경우의 수 - 2명이 이웃하는 경우의 수

주의) 3명이 이웃하지 않는 경우의 수 $\neq$ 전체 경우의 수 - 3명이 이웃하는 경우의 수

THEME 5 남녀 교대로 줄 세우는 경우의 수

『운동장에 축구 골대?』

남자 5명과 여자 5명을 교대로 줄 세워 보도록 하자.
이때, 그림과 같이 운동장 축구 골대 옆에 남자 5명, 여자 5명을 각각 줄 세우자!
우선 남자 5명을 축구 골대 옆에 줄 세우는 경우의 수는 5!, 여자 5명을 축구 골대 옆에 줄 세우는 경우의 수도 5! 이다.

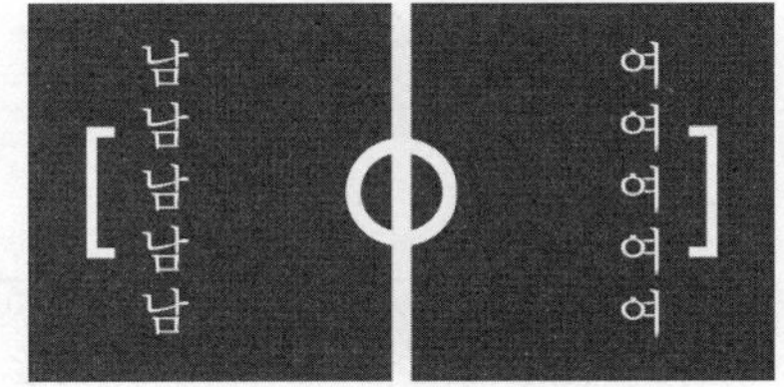

그런 다음.. 운동장 한가운데로 모여!!를 외쳐주도록 하자.
이때 남녀 교대로 모여야 하므로,
그림과 같이 2가지 모이는 case가 발생할 것이다.

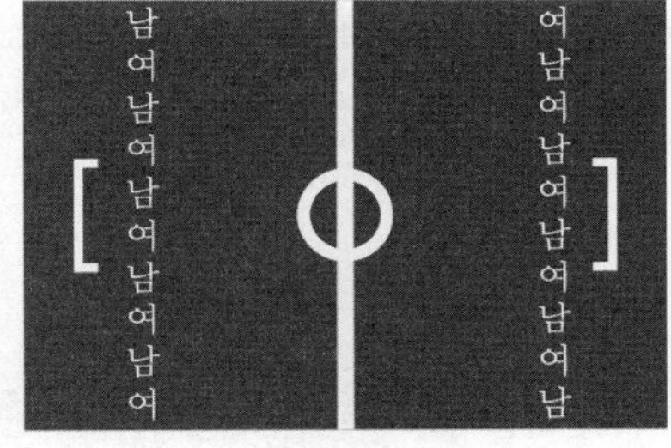

따라서 남자 5명, 여자 5명을 교대로 줄 세우는 방법의 수는 $5! \times 5! \times 2$이다.

만약 남자 5명과 여자 4명을 교대로 줄 세울 때는 축구 골대 옆에 남자 5명과 여자 4명을 각각 줄 세우고 난 후, 모이게 하면 남, 여, 남, 여, 남, 여, 남, 여, 남으로만 모여야 하기 때문에 모이는 case가 1가지 경우밖에 없다.
따라서 남자 5명과 여자 4명을 교대로 줄 세우는 방법의 수는 $5! \times 4! \times 1$이다.

또한, 남자 5명과 여자 3명을 교대로 줄 세우는 방법은 어떻게 해도 교대로 설 수 없기 때문에 0가지이다.

THEME 6 ~사이에~가 오도록 줄 세우는 경우의 수

『box 제작』
부모님과 자녀 4명으로 구성된 6인 가족이 있다. 이때, 부모님 사이에 자녀 2명이 오도록 줄 세워보도록 하자. 부모님 사이에 자녀 2명이 오려면 그림과 같이 4인용 box를 제작해 주어야 한다.

부			모

모			부

4인용 box의 양쪽 끝에 부모님을 줄 세우는 방법의 수는 2!이다.
그런 다음, 자녀 4명 중에 2명을 뽑아 부모님 사이에 줄 세워주도록 하자. 이때 방법의 수는 ${}_4P_2$ 이다.
그러면 부모님 사이에 자녀 2명이 오도록 하는 4인용 box가 제작될 것이다. 그럼 우리 눈에는 box하나와 나머지 자녀 2명이 보일 것이다. 이들 3개를 일렬로 줄 세우면 되므로 구하고자 하는 방법의 수는 $2!\times{}_4P_2\times3!$ 이다.

THEME 7 적어도 한쪽 끝에~가 오도록 줄 세우는 경우의 수

남자 4명과 여자 4명, 총 8명을 일렬로 줄 세우려 한다.
이때, 적어도 한쪽 끝에 남자가 오도록 줄을 세우도록 하자.

8명을 줄 세우는 방법은 끝에 누가 오느냐에 따라 다음과 같은 총 4가지 case가 존재한다.

(case1) 남 ______ 남
(case2) 남 ______ 여
(case3) 여 ______ 남
(case4) 여 ______ 여

이때, 적어도 한쪽 끝에 남자가 오는 case는 1, 2, 3번 case이므로 그 세 가지를 각각 구할 필요 없이 8명 전체를 줄 세우는 경우에서 4번 case를 빼주기만 하면 된다.
4번 case의 경우 여자 4명 중에 2명을 뽑아 양쪽 끝에 세워 주고(${}_4P_2$), 나머지 6명을 가운데 일렬로 줄 세우면 되므로(6!) 4번 case의 경우의 수는 ${}_4P_2\times6!$이다.
따라서 적어도 한쪽 끝에 남자가 오도록 줄 세우는 방법의 수는 $8!-{}_4P_2\times6!$이다.

THEME 8 교란순열

A, B, C 세 학생이 학교 운동장에서 농구를 하고 있다. 각각의 책가방 a, b, c를 농구 골대 밑에 둔 채로 말이다.
이때, 수업종이 울렸다. 그들은 재빨리 가방을 챙겨 교실로 향했다.
교실에 들어간 A, B, C가 책가방을 열어보는 순간 모든 학생이 "헉!" 이라는 반응을 보였다.
모두 다른 사람의 책가방을 가지고 온 것이다... 이러한 일이 일어날 방법의 수를 구해보자.

이 방법의 수는 『수형도』를 그려야 해결할 수 있는 별도의 case 이다. A, B, C의 각각의 가방을 a, b, c라 하면

A B C
b - c - a
c - a - b

와 같이 자신의 책가방이 아닌 책가방을 가지고 오는 경우의 수는 2가지이다.
이처럼 3개짜리의 교란순열의 수는 2가지이고, 4개짜리의 교란순열의 수는 9가지이다.

매번 이런 수형도를 그리기 번거롭기 때문에 3개짜리 교란은 2가지, 4개짜리 교란은 9가지, 5개짜리 교란은 44가지라고 기억해 두도록 하자.

정답 및 해설 60p

필수예제 01 합의 법칙 & 곱의 법칙

1 에서 100까지의 정수가 1개씩 쓰여 있는 100장의 카드에서 1장을 뽑을 때, 다음 경우의 수를 구하여라.

(1) 2 또는 5의 배수가 나오는 경우

(2) 12 또는 13의 배수가 나오는 경우

(3) 100과 서로소인 수가 나오는 경우

어느 레스토랑에는 점심 메뉴로 스프 3종류, 주메뉴 4종류, 음료수 3종류가 있다. 스프, 주메뉴, 음료수를 각각 한 종류씩 주문할 때, 주문하는 방법의 수를 구하여라.

대치동 꿀팁 '또는'에 대한 경우의 수를 구할 때는 합의 법칙을 '그리고'에 대한 경우의 수를 구할 때는 곱의 법칙을 이용해 경우의 수를 구한다. 2 또는 5의 배수를 구할 때는 2의 배수와 5의 배수를 더한 다음 2와 5의 최소공배수인 10의 배수를 한번 빼줘야 하는(포함배제의 원리) 것을 주의하자!

유제 01 1에서 50까지의 자연수 중에서 6 또는 7로 나누어 떨어지는 수의 개수를 구하여라.

유제 02 두 지점 A, B 사이에는 3개의 버스 노선과 2개의 지하철 노선이 있다. A지점에서 B지점으로 갈 때에는 버스 타고, B지점에서 A지점으로 돌아올 때에는 지하철을 타는 방법의 수를 구하여라.

5회 복습 1 2 3 4 5

유제 03 오른쪽 그림과 같은 도로망이 있을 때, A지점에서 D지점으로 가는 모든 경우의 수를 구하여라. (단, 같은 지점은 한 번만 지날 수 있다.)

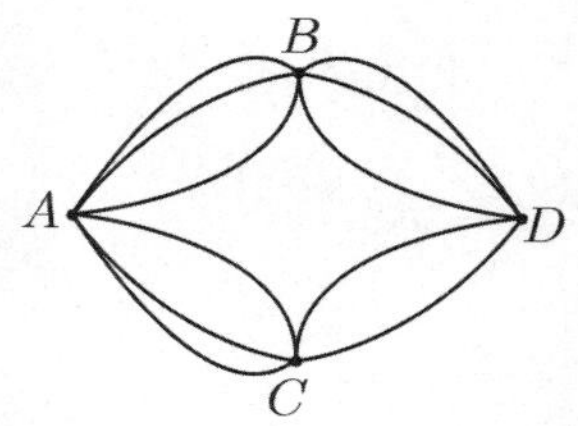

필수예제 02 지불 방법 & 지불 금액

100원짜리 동전이 1개, 50원짜리 동전이 2개, 10원짜리 동전이 3개 있다. 다음 물음에 답하여라. (단, 0원을 지불하는 경우는 제외한다.)

(1) 이들 일부 또는 전부를 사용하여 지불할 수 있는 방법의 수를 구하여라.

(2) 이들 일부 또는 전부를 사용하여 지불할 수 있는 금액의 수를 구하여라.

대치동 꿀팁 지불 방법을 구할 때는 각각의 돈에 인터뷰를 진행하면 되고 지불 금액을 구할 때는 '환전시스템'을 통해 돈의 단위를 낮추고 더 이상 낮출 수 없다면 인터뷰를 통해 금액의 수를 구하도록 하자.

유제 04

500원짜리 동전이 2개, 100원짜리 동전이 4개, 50원짜리 동전이 3개 있다. 지불할 수 있는 방법의 수는? (단, 0원을 지불하는 경우는 제외한다.)

유제 05

10000원짜리 지폐 3장, 5000원짜리 지폐 2장, 1000원짜리 지폐 6장이 있다. 이 지폐의 일부 또는 전부를 사용하여 지불할 수 있는 방법의 수를 a, 지불할 수 있는 금액의 수를 b 라고 할 때, $a-b$의 값을 구하여라.(단, 0원을 지불하는 경우는 제외한다.)

유제 06

10000원짜리 5장, 1000원짜리 7장과 100원짜리 동전 3개로 지불할 수 있는 금액의 경우의 수는? (단, 0원을 지불하는 경우는 제외한다.)

① 104 ② 105 ③ 191 ④ 192 ⑤ 193

필수예제 03 부정방정식의 해의 개수

$x+2y+3z=14$를 만족하는
자연수 x, y, z의 순서쌍 $(x,\ y,\ z)$의
개수를 구하시오.

부등식 $x+2y \le 6$을 만족하는
자연수 x, y의 순서쌍 (x, y)의 개수를 구하시오.

대치동 꿀팁 부정방정식 또는 부등식의 해의 순서쌍을 구할 때는 계수가 큰 문자가 가질 수 있는 값을 기준으로 케이스를 분류하도록 하자. $x+2y+3z=14$에서는 $z=1$, $z=2$, $z=3$인 경우로 케이스를 나눠 경우의 수를 구하도록 하자.

유제 07 방정식 $x+2y+4z=12$를 만족하는 음이 아닌 정수 x, y, z의 순서쌍 (x, y, z)의 개수는?

5회 복습 1 2 3 4 5

① 10 ② 12 ③ 14
④ 16 ⑤ 18

유제 08 $x^2+y^2 \le 4$를 만족하는 정수 x, y의 순서쌍 $(x,\ y)$의 개수를 구하시오.

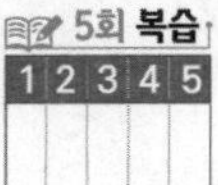

5회 복습 1 2 3 4 5

유제 09 서로 다른 두 개의 주사위를 동시에 던져서 나오는 눈의 수를 각각 a, b라고 할 때, x에 대한 이차방정식 $x^2+2ax+b=0$이 실근을 갖도록 하는 a, b의 순서쌍 $(a,\ b)$의 개수를 구하여라.

5회 복습 1 2 3 4 5

필수예제 04 색칠하기

다음 그림의 5개의 영역을 서로 다른 5가지 색으로 칠하려고 한다. 같은 색을 여러 번 사용할 수 있으나 이웃하는 두 영역은 서로 다른 색으로 칠하는 경우의 수를 구하시오.

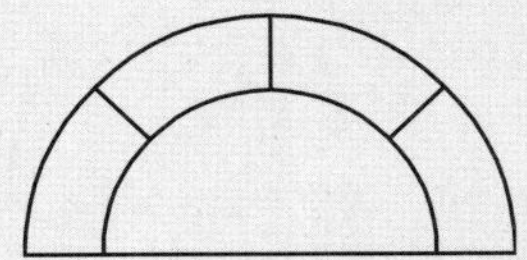

오른쪽 그림은 어느 도시를 4개의 영역으로 나누어 놓은 지도이다. 이 지도의 A, B, C, D 4개의 영역을 4 가지 색으로 칠하려고 한다. 같은 색을 중복하여 사용해도 좋으나 인접한 부분은 서로 다른 색으로 칠할 때, 칠하는 방법의 수를 구하여라.

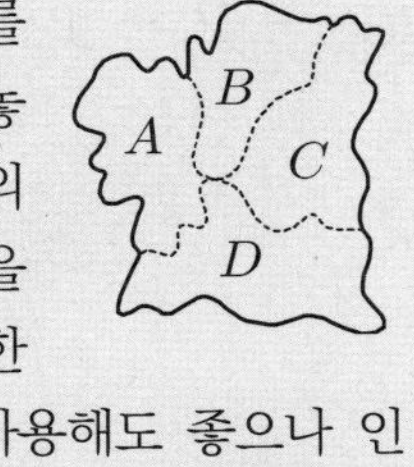

대치동 꿀팁 색칠문제에서는 인접한 곳이 가장 많은 부분부터 색칠하는 것이 유리하다. 그런 다음 남은 영역에 인터뷰를 진행하며 한방에 칠할 수 있는지 없는지를 확인해야 한다. 한방에 칠할 수 있다면 곱의 법칙을 통해 끝까지 진행하면 되지만 인터뷰를 진행하다 문제가 발생한다면 문제가 왜 발생했는지를 생각하고 그 문제를 해결하기 위해 케이스를 나눠서 각각의 색칠 방법을 구해야만 한다. 또한 색을 전부 사용하는 것인지 일부만 사용해도 되는지 혹은 특정한 개수만큼 꼭 사용해야 하는지를 확인해서 모두 같은 문제가 아니라는 사실에 주의하자.

유제 10 (5회 복습 1 2 3 4 5)

아래 그림의 A, B, C, D 4개의 영역을 4가지 색으로 색칠하려고 한다. 같은 색을 중복하여 사용해도 좋으나 인접하는 영역은 서로 다른 색을 칠할 때, 색칠하는 경우의 수를 구하여라.

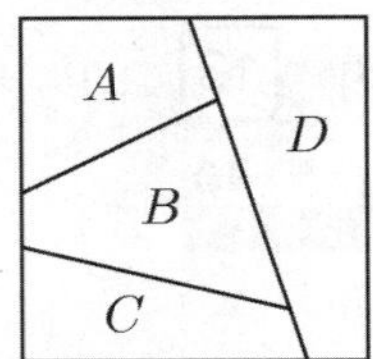

유제 11 (5회 복습 1 2 3 4 5)

오른쪽 그림의 (가), (나), (다), (라), (마)에 5가지의 색을 사용하여 칠하려고 한다. 같은 색을 여러 번 사용할 수 있으나 이웃하는 부분은 같은 색을 칠할 수 없다고 할 때, 색을 칠하는 방법의 수를 구하여라.

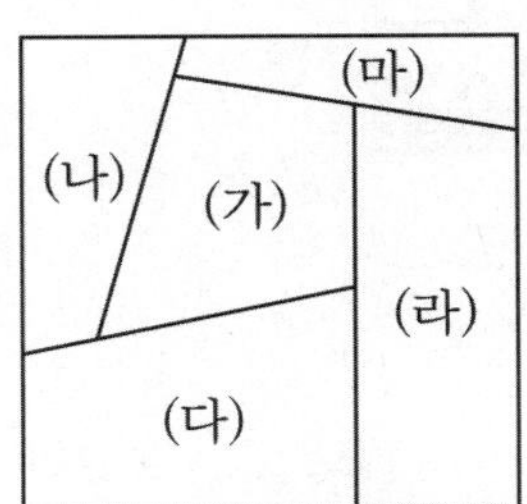

필수예제 05 순열의 계산

${}_9P_3 + {}_5P_0 + {}_4P_4$의 값을 계산하시오.

등식 ${}_nP_2 + 4 \cdot {}_nP_1 = 28$을 만족하는 n의 값을 구하시오.

대치동 꿀팁 서로 다른 n개에서 r개를 선택해 나열하는 방법의 수는 ${}_nP_r$이다. 계산 방법은 n부터 하나씩 줄여나가며 r개를 곱해주면 된다. ${}_6P_3 = 6\times5\times4$, ${}_4P_4 = 4\times3\times2\times1$

유제 12 ${}_4P_0 + {}_4P_1 + {}_4P_2 + {}_4P_3 + {}_4P_4$의 값을 구하시오.

유제 13 ${}_nP_2 + 8n = 60$을 만족하는 자연수 n의 값을 구하시오.

유제 14 ${}_nP_3 : 5 \cdot {}_nP_2 = 3 : 1$을 만족하는 n의 값을 구하시오.

필수예제 06 이웃 & 이웃하지 않는

남자 4명, 여자 3명을 일렬로 세울 때, 여자 3명이 이웃하여 서는 경우의 수를 구하여라.

남학생 4명과 여학생 3명을 일렬로 줄을 세울 때, 여학생끼리 이웃하지 않도록 세우는 방법의 수를 구하여라.

대치동 꿀팁 이웃하여 줄을 세우는 경우에는 이웃해야 하는 대상을 주머니에 넣고 하나로 보고 나열해 주면 된다. 그런 다음 주머니를 제거시켜주면서 그 안에 있던 대상들끼리 한번 더 줄 세워주면 된다. 또한 이웃하지 않도록 줄 세우는 경우는 이웃하건 말건 상관 없는 대상을 먼저 줄 세워서 칸막이 역할을 하도록 한 다음 사이사이 이웃하면 안되는 대상들을 넣어준다고 생각해 주면 되겠다. 여기서 주의할 사항은 2명은 이웃하는 경우와 이웃하지 않는 경우가 완벽하게 여사건 관계에 있지만 3명 이상부터는 그렇지 않기 때문에 여사건을 사용할 때 주의를 요한다!

유제 15 (5회 복습 1 2 3 4 5)

1학년 학생 2명, 2학년 학생 2명, 3학년 학생 2명을 일렬로 세울 때, 같은 학년의 학생끼리 이웃하게 세우는 경우의 수를 구하시오.

유제 16 (5회 복습 1 2 3 4 5)

어느 산악 동호회에서 남자 5명, 여자 4명이 일렬로 서서 지리산을 등반하려고 한다. 이때, 여자끼리 이웃하지 않도록 하여 올라가는 방법의 수는?

① 42400 ② 42600 ③ 42800
④ 43000 ⑤ 43200

유제 17

A, B, C, D, E, F를 일렬로 배열할 때, A와 B는 이웃하고 C와 D는 이웃하지 않게 배열하는 경우의 수를 구하여라.

필수예제 07 여러 가지 순열

$SPIDERMAN$의 9개의 문자를 일렬로 나열할 때, S와 E사이에 3개의 문자가 들어 있는 경우의 수를 구하여라.

A, B, C, D, E, F, G의 7개의 문자를 일렬로 나열할 때, 양 끝에는 모두 자음이 오고, 모음끼리는 이웃하도록 하는 경우의 수를 구하시오.

$CAUTION$의 7개의 문자를 일렬로 나열할 때, 적어도 한쪽 끝에 모음이 오는 경우의 수를 구하시오.

대치동 꿀팁 '~사이에 ~가 오도록'에 대한 경우의 수 문제에서는 box를 제작해서 조건에 맞는 세팅을 먼저 진행하도록 하자. 이렇게 만들어진 box와 남아있는 대상을 마지막으로 한꺼번에 줄 세워주면 답을 낼 수 있다. 또한 '적어도'에 대한 경우의 수 문제에서는 (항상 그런 것은 아니지만) 여사건을 생각해서 보다 빨리 원하는 경우의 수를 구할 수 있도록 해야겠다.

유제 18 (5회 복습 1 2 3 4 5)

a, b, c, d, e, f의 6개의 문자를 일렬로 나열할 때, a와 b 사이에 2개의 문자가 오는 경우의 수를 구하여라.

유제 19 (5회 복습 1 2 3 4 5)

남자 3명, 여자 2명이 한 줄로 서서 등산을 할 때, 맨 앞과 맨 뒤에 남자가 오고 여자끼리는 이웃하는 경우의 수는?

① 24 ② 28 ③ 32
④ 36 ⑤ 40

유제 20 (5회 복습 1 2 3 4 5)

$silent$ 의 6개의 문자를 일렬로 배열할 때, 적어도 한쪽 끝에 모음이 오는 경우의 수는?

① 36 ② 72 ③ 144
④ 288 ⑤ 432

필수예제 08 정수만들기

(1) 0, 1, 2, 3, 4 중 서로 다른 세 개의 숫자를 이용하여 만들 수 있는 세 자리 정수의 개수는?

(2) 0, 1, 2, 3, 4 중 서로 다른 세 개의 숫자를 이용하여 만들 수 있는 세 자리 짝수의 개수는?

(3) 0, 1, 2, 3, 4 중 서로 다른 세 개의 숫자를 이용하여 만들 수 있는 세 자리 3의 배수의 개수는?

대치동 꿀팁 서로 다른 숫자를 이용하여 정수를 만드는 문제에서는 0이 맨 앞에 오는 경우에 대해서 주의해야 한다. 또한 2의 배수(짝수), 3의 배수, 4의 배수, 5의 배수, 6의 배수, 9의 배수, 10의 배수는 자주 나오는 배수 관련 정수 만들기 문제이기 때문에 각각 어떠한 특징이 있는지 꼭 확인해 보도록 하자.

유제 21 5회 복습 1 2 3 4 5

6개의 숫자 0, 1, 2, 3, 4, 5에서 서로 다른 4개의 숫자를 택하여 만들어지는 다음과 같은 정수의 개수를 구하여라.

(1) 네 자리의 정수

(2) 네 자리의 짝수

유제 22

1, 2, 3, 4, 5, 6의 6개의 숫자를 한 번씩만 사용하여 만들 수 있는 세 자리의 자연수 중 적어도 한쪽 끝이 짝수인 자연수의 개수는?

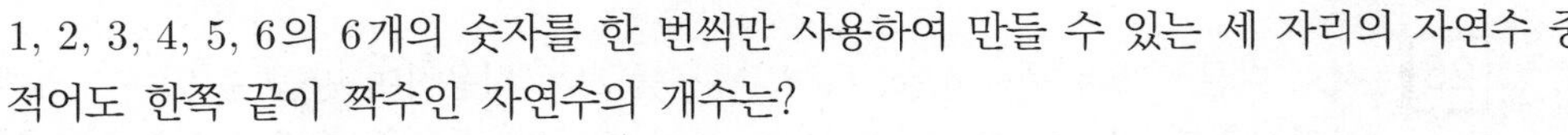

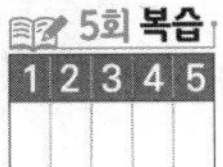

① 78 ② 82 ③ 86 ④ 90 ⑤ 96

유제 23 5회 복습 1 2 3 4 5

1, 2, 3, 4, 5의 5개의 숫자를 일렬로 나열하여 만든 5자리의 정수 중에서 34000보다 큰 정수는 몇 개인가?

① 60 ② 61 ③ 62 ④ 63 ⑤ 64

필수예제 09 사전식 배열법

SPACE의 5개의 문자를 사전식으로 배열할 때, EAPCS는 몇 번째로 나타나는지 구하시오.

$CHRIST$의 6개의 문자를 사전식으로 배열할 때, 301번째 배열되는 것은?

① $RIHCST$

② $ITCHRS$

③ $IRHCST$

④ $IRSCTH$

⑤ $IRSCHT$

대치동 꿀팁 사전식 배열에서는 SPACE와 같이 사전식 순서가 한눈에 보이지 않는 경우가 많을 것이다. 이때는 사전식 순서에 맞게 A=1, C=2, E=3, P=4, S=5와 같이 숫자로 매칭시켜 놓고 사전식 배열을 생각해 주면 헷갈리지 않고 막고 편하게 답을 구할 수 있을 것이다.

유제 24 5회 복습 1 2 3 4 5

5개의 문자 a, b, c, d, e를 사용하여 만들어지는 120개의 문자열을 사전식으로 abcde에서 edcba까지 나열하였다. bdcea는 몇 번째에 있는지 구하여라.

유제 25 5회 복습 1 2 3 4 5

서로 다른 6개의 문자 a, b, c, d, e, f를 모두 사용하여 만들 수 있는 720개의 문자열을 사전식으로 $abcdef$에서 $fedcba$까지 배열할 때, 300번째에 위치하는 문자열을 구하여라.

유제 26 5회 복습 1 2 3 4 5

5개의 숫자 0, 1, 2, 3, 4를 모두 사용하여 다섯 자리의 자연수를 만들어 작은 수부터 나열했을 때, 40번째 수는?

① 20134 ② 23140 ③ 23401
④ 24130 ⑤ 24310

필수예제 10 중복순열

두 집합 $X=\{1,\ 2,\ 3\}$, $Y=\{4,\ 5,\ 6,\ 7\}$이 있다.

(1) X에서 Y로의 함수의 개수를 구하여라.

(2) X에서 Y로의 일대일 함수의 개수를 구하여라.

(3) X에서 Y로의 함수 중 $f(1) \geq 6$를 만족하는 함수의 개수를 구하여라.

대치동 꿀팁 함수의 종류에 따라 함수의 개수를 구하는 방법을 숙지하도록 하자. 증가 또는 감소의 개념이 들어간 함수의 종류는 다음 단원인 조합을 이용하면 되고, 그렇지 않으면 정의역 X의 각각의 원소들에게 인터뷰를 진행해 경우의 수를 구하면 되겠다.

유제 27

두 집합 $X = \{1, 2, 3\}$, $Y = \{1, 2, 3, 4, 5\}$에 대하여 함수 $f : X \rightarrow Y$ 중에서 $f(2) = 3$인 것의 개수를 구하시오.

유제 28

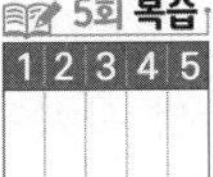

두 집합 $X = \{1, 2, 3\}$, $Y = \{1, 2, 3, 4\}$에 대하여 함수 $f : X \rightarrow Y$ 중에서 $f(1) \neq 1$인 것의 개수는?

① 36　② 48　③ 64　④ 72　⑤ 81

유제 29

집합 $X=\{1,\ 2,\ 3,\ 4,\ 5,\ 6\}$에 대하여 함수 $f : X \rightarrow X$는 다음 조건을 만족시킨다.

(가) $f(3)$은 짝수이다.
(나) $x < 3$이면 $f(x) < f(3)$이다.
(다) $x > 3$이면 $f(x) > f(3)$이다.

함수 f의 개수를 구하시오.

내신기출 맛보기

정답 및 해설 66p

01 2020년 청담고 기출 변형 ★★☆

학교 강당에 일렬로 놓인 똑같은 의자 8개에 학생 3명이 앉을 때, 어느 2명도 이웃하지 않게 앉는 모든 방법의 수는?

① 120 ② 240 ③ 360
④ 480 ⑤ 600

02 2021년 은광여고 기출 변형 ★★☆

다음 조건을 만족시키는 정수 x, y, z의 모든 순서쌍 (x, y, z)의 개수를 구하시오.

> (가) $|x|+|y|+|z|=6$
> (나) $|x|<|y|<|z|$

03 2021년 개포고 기출 변형 ★★☆

1학년 학생 3명과 2학년 학생 2명이 있다. 이 5명의 학생을 일렬로 세울 때, 2학년 학생 사이에 1학년 학생을 1명만 세우거나 5명의 양 끝에 1학년 학생을 세우는 경우의 수를 구하시오.

04 2020년 영동고 기출 변형 ★★☆

지상 1층부터 9층까지 운행하는 엘리베이터가 있다. 1층에서 엘리베이터에 탑승한 4명이 9층까지 1회 운행하는 동안 서로 연속한 층에서 내리지 않고 각 층에서 1명씩만 모두 내리는 경우의 수는? (단, 1층에서 내리는 사람은 없다.)

① 80 ② 100 ③ 120
④ 140 ⑤ 160

05 2020년 경기여고 기출 변형 ★☆☆

다섯 숫자 1, 2, 3, 4, 5를 모두 이용하여 다섯 자리 자연수를 만들 때 24500보다 큰 수의 개수는?

① 72 ② 76 ③ 80
④ 84 ⑤ 88

06 2020년 숙명여고 기출 변형 ★☆☆

일곱 개의 문자 K, A, M, S, U, N, G를 일렬로 나열할 때, 다음 물음에 답하시오.

(1) 양 끝에 자음이 오는 모든 경우의 수를 구하시오.

(2) 모음이 이웃하지 않게 나열하는 모든 경우의 수를 구하시오.

07 2021년 경기고 기출 변형 ★★☆

1부터 9까지의 자연수가 원소인 집합 $\{1, 2, \cdots, 9\}$의 부분집합 중에서 다음을 만족시키는 원소가 세 개인 집합 $\{a, b, c\}$의 개수는?

$a+b+c$는 3의 배수이다.

① 21 ② 24 ③ 27
④ 30 ⑤ 33

08 2020년 진선여고 기출 변형 ★★☆

집합 $U=\{1, 2, 3, 4\}$의 모든 부분집합 중에서 $X \subset Y$가 되도록 두 부분집합 X, Y를 택하는 경우의 수를 구하시오.

›› Ⅶ 순열과 조합

조합

1 조합

2 분할과 분배(교육과정 외)

조합

THEME 1 조합의 뜻

앞서 5명을 일렬로 배열하는 순열에 대해 공부했었다.
또한, 5명 중에 3명을 뽑아 일렬로 배열하는 것도 Permutation을 이용해 구할 수 있게 되었다.

$${}_5\mathrm{P}_3$$

이제는 5명 중에 3명을 뽑아 줄 세우는 것이 아니라, 5명 중에 3명을 뽑기만 해보도록 할 것이다.
${}_5\mathrm{P}_3$ 즉, 5명 중에 3명을 뽑아 줄 세우는 과정 안에는 2가지 액션이 함께 진행된다.
첫 번째는 5명 중에 3명을 뽑는 것, 두 번째는 3명을 일렬로 줄 세우는 것이다.
순서대로 생각한다면 5명 중에 3명을 뽑아 놓고, 그 뒤에 3명을 줄 세워서 5명 중에 3명을 뽑아 줄 세운다가 나와야 맞지만, 아이러니 하게도 우리는 그것을 거꾸로 생각해서 (5명 중에 3명을 뽑아 줄 세운다를 이용해서) 5명 중에 3명을 뽑는 방법의 수를 구해야만 한다. 이때, "5명 중 3명을 뽑는다"를 기호로 ${}_5\mathrm{C}_3$이라 한다.

즉, ${}_5\mathrm{P}_3 = {}_5\mathrm{C}_3 \times 3!$ 이고, ${}_5\mathrm{C}_3 = \dfrac{{}_5\mathrm{P}_3}{3!}$ 이다.

> 서로 다른 n개에서 순서를 생각하지 않고 r개를 택하는 것을
> n개에서 r개를 택하는 조합이라 하고, 그 조합의 수를 기호 ${}_n\mathrm{C}_r$로 나타낸다.

* ${}_n\mathrm{C}_r$에서 C는 Combination(조합)의 첫 글자이다.

THEME 2 빈도수가 높은 조합의 수

다음의 조합들은 문제를 풀 때 가장 많이 나오는 조합들이다. 이 같은 조합이 나왔을 때, 계산을 하는 것이 아니라 단어처럼 기억하고 있다면 계산의 스피드를 한층 높일 수 있을 것이다.

${}_4\mathrm{C}_2 = 6$ (사 더하기 이는 육)
${}_5\mathrm{C}_2 = 10$ (오 이 십)
${}_6\mathrm{C}_3 = 20$ (육삼빌딩~)
${}_7\mathrm{C}_3 = 35$ (칠 오 삼십오~)
${}_8\mathrm{C}_4 = 70$ (그냥 외워~)
${}_9\mathrm{C}_3 = 84$ (하나 내리고 하나 올려)

THEME 3 조합의 수의 성질 ①

${}_n\mathrm{C}_r$와 같은 Permutation도 무조건 계승! 즉, factorial로 바꿀 수 있는데, 다음과 같다.

$${}_n\mathrm{C}_r = \frac{{}_n\mathrm{P}_r}{r!} = \frac{1}{r!} \times \frac{n!}{(n-r)!} = \frac{n!}{r!(n-r)!} \text{(단, } 0 \le r \le n\text{)}$$

⇒ n명 중에 r명을 뽑으려면, 일단 "n명 전부를 줄 세워!"($n!$) 그리고, 세워서는 안되는 나머지 $(n-r)$명에게 "너흰 줄 서지 마!"($(n-r)!$) 라는 느낌으로 나누어 주고, 줄 서있는 r명에게도 "너희도 줄 서지 마!"($r!$)라는 느낌으로 나누어주면 된다.

$${}_n\mathrm{C}_0 = 1,\ {}_n\mathrm{C}_1 = n$$

THEME 4 조합의 수의 성질 ②

갑자기 자신에게 큰 돈이 생겼다고 가정해 보자. 내 앞에는 10명의 친구들이 배고픔에 고통스러워하고 있는 상황이다. 아무리 큰 돈이라지만 10명을 전부 먹일 수 있을 정도는 아닌 듯하다. 2명 정도만 사줄 수 있는 상황이다. 이때 여러분들은 이 위기를 어떻게 극복할 것인가?
"얘들아..내가 2명 밥 사줄 건데.. 누가 갈래?" 라고 물어보는 멍청한 짓은 하지 않을 것이다..
이때, 한 가지 얍삽한 방법이 떠올랐다!
"얘들아. 선생님이 2명을 남겨놓으래..갈 사람은 가도 좋다는데..?"
그럼 집에 갈 8명을 손쉽게 추려낼 수 있을 것이다!
그럼 남게 되는 2명을 데리고 우아하게 떡볶이를 먹으러 가주면 된다.

이것이 바로 조합의 성질이다.
10명 중에 2명을 뽑는 경우의 수나, 10명 중 8명을 뽑는 경우의 수는 같을 수 밖에 없다.

$${}_{10}\mathrm{C}_2 = {}_{10}\mathrm{C}_8$$

(서로 다른 n개에서) r개를 택하는 경우의 수 = $n-r$개를 택하는 경우의 수
⇒ ${}_n\mathrm{C}_r = {}_n\mathrm{C}_{n-r}$(단, $0 \le r \le n$)

THEME 5 ~가 포함되도록 뽑는 경우의 수

『아버지께서 굉장한 능력자』
A, B, C, D, E, F 6사람이 3명을 뽑는 회사에 지원했다.
이때, 회사에서 A가 포함되도록 3명을 뽑는 경우의 수를 구해보자.
면접 전날, A의 아버지께서 면접관들을 조용히 만나셨다..이제 면접날이 되었다.
3명을 뽑아야 하지만 이미 심사위원들 마음속에 A는 정해져 있을 것이다.
즉, A를 제외한 5명 중에 2명을 마저 뽑아 주기만 하면, A를 포함한 3명을 뽑을 수 있을 것이다.
$\Rightarrow {}_5C_2$

THEME 6 ~가 포함되지 않도록 뽑는 경우의 수

『전날에 살인사건』
A, B, C, D, E, F 6사람이 3명을 뽑는 회사에 지원했다. 이때, 회사에서 A가 포함되지 않도록 3명을 뽑는 경우의 수를 구해보자. 면접 전날, 누군가에 의해 A가 살해된다..
그렇게 되면 면접 당일 A를 제외한 5명이 올 것이다.
이 5명 중에 3명을 뽑아주기만 하면 A가 포함되지 않도록 3명을 뽑을 수 있게 된다. $\Rightarrow {}_5C_3$

THEME 7 악수하는 경우의 수(도형의 개수)

5명이 서로 악수하는 경우를 생각해 보자. A와 B가 악수를 하나, B와 A가 악수를 하나 같은 상황일 것이다.
따라서, 2명이 선택만 된다면 악수는 한번 진행될 것이므로,
5명이 서로 악수하는 경우의 수는 5명 중에 2명을 뽑는 방법의 수이다. $\Rightarrow {}_5C_2$

그림과 같이 원 위에 7개의 점이 있다.
이들 점을 연결하여 만들 수 있는 직선의 개수 $\Rightarrow {}_7C_2$
이들 점을 연결하여 만들 수 있는 선분의 개수 $\Rightarrow {}_7C_2$
이들 점을 연결하여 만들 수 있는 반직선의 개수 $\Rightarrow {}_7C_2 \times 2$
이들 점을 연결하여 만들 수 있는 삼각형의 개수 $\Rightarrow {}_7C_3$

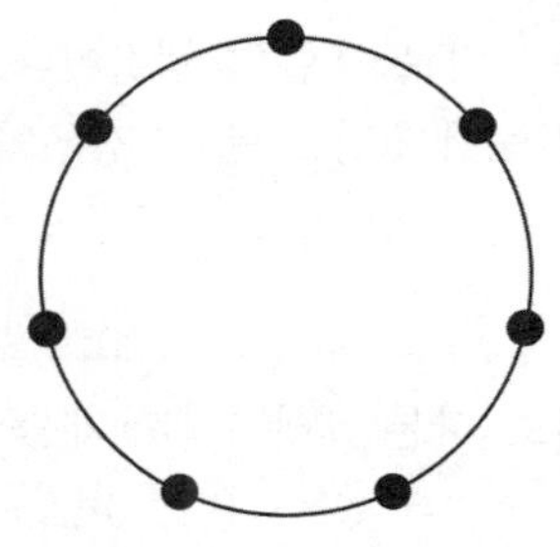

이번엔 그림과 같이 10개의 점이 있다.
이들 점을 연결하여 만들 수 있는 직선의 개수를 생각해 보자.
직선이 만들어지기 위해서는 2개의 점을 연결해 주면 되므로 ${}_{10}C_2$ 이다.
그러나 한 직선 위에 있는 4개의 점들을 가지고 아무리 2개의 점을 뽑아 (${}_4C_2$) 직선을 만들어도 우리들의 눈에는 하나의 직선으로만 인식할 수 있을 것이다.
즉, ${}_{10}C_2$안에서 ${}_4C_2$는 제거되어야 하고, 점 4개가 일직선상에 놓여있는 직선이 5개이므로 ${}_{10}C_2 - 5 \times {}_4C_2$ 를 해주어야 한다.

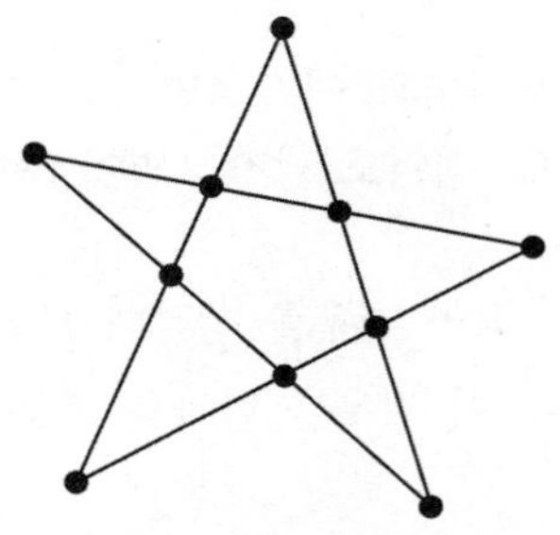

그런데 이렇게 해주면 만들어질 수 있는 하나의 직선까지 모두 날려버리는 것이 되므로 아까 날려버린 하나씩의 직선들은 다시 더해 줌으로써 ${}_{10}C_2 - 5 \times {}_4C_2 + 5$ 라는 결론에 도달하게 된다.

이번엔 이들 점을 연결하여 만들 수 있는 삼각형의 개수를 생각해 보자.
삼각형이 만들어지기 위해서는 3개의 점을 연결해 주면 되므로 ${}_{10}C_3$ 이다.
그러나 한 직선 위에 있는 4개의 점들을 가지고 아무리 3개의 점을 뽑아 (${}_4C_3$) 삼각형을 만들어도 우리들의 눈에는 삼각형으로 보이지 않고 직선으로만 보일 것이다. 즉, ${}_{10}C_3$안에서 ${}_4C_3$은 제거되어야 하고, 점 4개가 일직선상에 놓여있는 직선이 5개이므로 ${}_{10}C_3 - 5 \times {}_4C_3$를 해주어야 한다.
이때는 직선처럼 더할 필요가 없는 것이 ${}_4C_3$을 했을 때, 삼각형 자체가 안 만들어지기 때문에 ${}_{10}C_3 - 5 \times {}_4C_3$ 이 계산으로 결론을 내려주면 되겠다.

이들 점을 연결하여 만들 수 있는 직선의 개수 ⇒ ${}_{10}C_2 - 5 \times {}_4C_2 + 5$
이들 점을 연결하여 만들 수 있는 삼각형의 개수 ⇒ ${}_{10}C_3 - 5 \times {}_4C_3$

다음 그림처럼 평행한 가로선 4개와 세로선 5개로 이루어진 바둑판 모양의 도형이 있다. 눈에 보이는 선들 만을 이용하여 만든 정사각형이 아닌 직사각형의 개수를 구해보자. 우선 직사각형이 만들어지기 위해선 가로선 2개와 세로선 2개가 필요하므로 ${}_4C_2 \times {}_5C_2$ 이다.

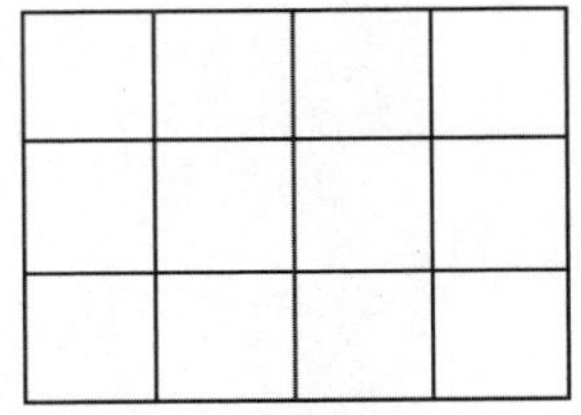

이때 정사각형의 개수를 구해보면,

한 변의 길이가 1인 정사각형의 개수 : 4×3(개)
한 변의 길이가 2인 정사각형의 개수 : 3×2(개)
한 변의 길이가 3인 정사각형의 개수 : 2×1(개)
이므로 정사각형이 아닌 직사각형의 개수는
⇒${}_4C_2 \times {}_5C_2$ - $((4 \times 3) + (3 \times 2) + (2 \times 1))$ 이다.

THEME 8 적어도 ~를 포함하도록 뽑는 경우의 수

남자 4명과 여자 4명, 총 8명의 사람이 있다. 이들 중 3명을 뽑고자 한다.
이때, 적어도 남자 1명이 포함되도록 뽑는 경우의 수를 구해보자.

전체적인 경우를 생각해 보면 8명중에 3명을 뽑는 경우이므로 ${}_8C_3$ 이다.
근데 이 경우를 남자를 기준으로 case를 나누면

case1) 남자 0명, 여자 3명
case2) 남자 1명, 여자 2명
case3) 남자 2명, 여자 1명
case4) 남자 3명, 여자 0명

이렇게 4가지 case가 나올 것이다. 물론 case1~4를 전부 합치면 8명중에 3명을 뽑는 경우가 됨은 자명하다.

이때, 적어도 남자 1명이 포함되도록 뽑히는 경우는 case2~4이므로, 전체에서 case1만을 제거시켜 주면 되겠다. case1은 여자 4명 중에 여자만 3명 뽑으면 되므로 ${}_4C_3$ 이고, 구하고자 하는 경우의 수는 ⇒ ${}_8C_3 - {}_4C_3$ 이다.

"적어도"란 말이 나온다고 해서 무조건 여사건을 생각하는 것이 아니라,
"적어도"란 말뜻을 잘 이해하고 case를 분류하는 연습이 우선시되어야 함을 기억하자!

02

분할과 분배(교육과정 외)

THEME 1 분할과 분배

10명의 사람이 있다. 이들을 5명, 3명, 2명으로 나눠보자.
10명 중 5명을 뽑는 경우의 수 : ${}_{10}C_5$
남아있는 5명 중 3명을 뽑는 경우의 수 : ${}_{5}C_3$
남아있는 2명 중 2명을 뽑는 경우의 수 : ${}_{2}C_2$
이므로 10명을 5명, 3명, 2명으로 나누는 방법. 즉, 분할하는 방법은
${}_{10}C_5 \times {}_{5}C_3 \times {}_{2}C_2$ 이다.

이제 10명의 사람을 4명, 4명, 2명으로 분할해 보도록 하자.
10명 중 4명을 뽑는 경우의 수 : ${}_{10}C_4$
남아있는 6명 중 4명을 뽑는 경우의 수 : ${}_{6}C_4$
남아있는 2명 중 2명을 뽀는 경우의 수 : ${}_{2}C_2$
이므로 10명을 4명, 4명, 2명으로 분할하는 방법은
${}_{10}C_4 \times {}_{6}C_4 \times {}_{2}C_2$ 이다.

과연 이것이 옳은 것일까?
10명을 사람을 { ㄱ, ㄴ, ㄷ, ㄹ, a, b, c, d, 1, 2 } 라고 한다면
10명을 4명, 4명, 2명으로 분할하는 방법 ${}_{10}C_4 \times {}_{6}C_4 \times {}_{2}C_2$ 안에는 다음과 같은 경우가 존재 할 것이다.

i) { ㄱ, ㄴ, ㄷ, ㄹ }뽑고, { a, b, c, d }뽑고, { 1, 2 }뽑는 경우
ii) { a, b, c, d }뽑고, { ㄱ, ㄴ, ㄷ, ㄹ }뽑고, { 1, 2 }뽑는 경우

이 두 가지는 같은 경우이다.

우리 눈에는 { ㄱ, ㄴ, ㄷ, ㄹ }끼리 모여있고, { a, b, c, d }끼리 모여있고, { 1, 2 }끼리 모여있으므로 같은 경우로 보이지만 ${}_{10}C_4 \times {}_{6}C_4 \times {}_{2}C_2$ 의 계산은 이 둘을 각각 한 개씩, 한 개씩 count 했다. 즉, 같은 것을 세었기 때문에 중복이 발생할 것이고, 이를 제거시켜 주어야만 한다.

중복이 발생한 이유는 { ㄱ, ㄴ, ㄷ, ㄹ }이 들어갈 그룹과 { a, b, c, d }이 들어갈 그룹의 뽑히는 순서가 다르게 count 되어서 이다. 이를 제거하기 위해 ${}_{10}C_4 \times {}_6C_4 \times {}_2C_2$ 의 계산에게 다가가서
"4명씩 뽑는 2개의 그룹들아~ 너희는 뽑히는 순서를 고려하지 않을게~!"
즉, "2개의 그룹들아~ 너희는 뽑힐 때 자리 바꾸지 마렴!" 이라고 이야기해 주면 된다.

따라서 10명을 4명, 4명, 2명으로 분할하는 방법은 ${}_{10}C_4 \times {}_6C_4 \times {}_2C_2 \times \frac{1}{2!}$ 이다.

또한, 12명을 4명, 4명, 4명으로 분할하는 방법은 ${}_{12}C_4 \times {}_8C_4 \times {}_4C_4 \times \frac{1}{3!}$ 이다.

분할의 수

서로 다른 n개를 p, q, r, $\cdots$, s ($p+q+r+\cdots+s=n$)개씩 나누는 방법의 수는
1. p, q, r, $\cdots$, s가 모두 다른 수이면 ⇒ ${}_nC_p \times {}_{n-p}C_q \times \cdots \times {}_sC_s$
2. p, q, r, $\cdots$, s중 같은 수가 a개, b개, $\cdots$ 있으면
   ⇒ ${}_nC_p \times {}_{n-p}C_q \times \cdots \times {}_sC_s \times \frac{1}{a!} \times \frac{1}{b!} \times \cdots$

이번에도 10명의 사람이 있다. 이들을 5명, 3명, 2명으로 분할한 뒤,
각 조에 A, B, C라는 이름을 만들어 주도록 하자.
이때, 분할하는 방법은 ${}_{10}C_5 \times {}_5C_3 \times {}_2C_2$ 이다.
그런 다음 준비해놨던 A, B, C 이름표를 각 조에 하나씩 나누어주면 되므로 ${}_{10}C_5 \times {}_5C_3 \times {}_2C_2 \times 3!$ 이다.

* 분배 : 분할된 모임에게 조 이름을 주면 끝
  ⇒ 분할의 경우의 수 × 조 이름을 줄 세우는 경우의 수

THEME 2 대진표

대진표를 작성하는 문제에서는 일단 다음의 경우가 같은 경우라는 사실을 인지해야 한다.

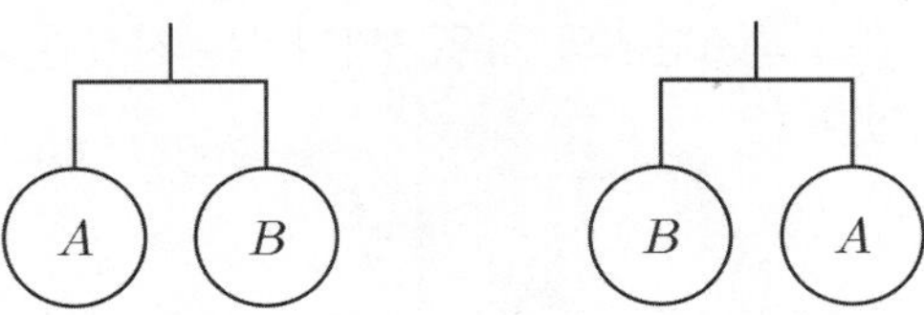

A와 B가 대결하는 상황과 B와 A가 대결하는 상황은 같은 상황이다. 즉, 2명을 뽑기만 해야지 뽑아서 나열하면 안된다는 뜻이다. 또한 대진표의 끝(1라운드)엔 결국 다음과 같은 모양이 우리를 기다리게 된다. 편하게 이를 『대진표의 최소단위』라 하겠다.

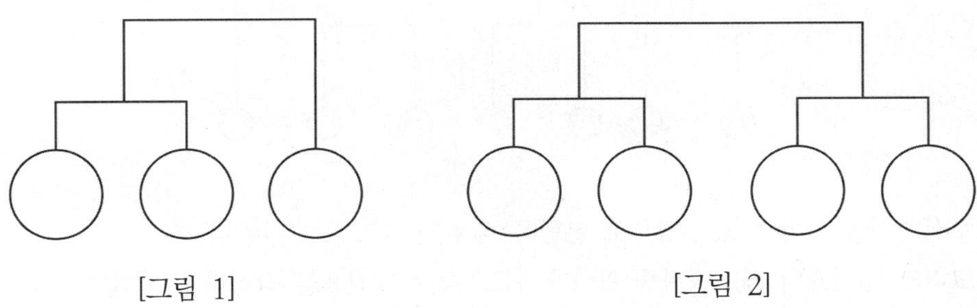

[그림 1] [그림 2]

『그림 1』의 경우는 3명으로 대진표를 작성하면 되는데 정확한 표현은 ${}_3C_2 \times {}_1C_1$ 로 계산을 하는 것이지만 매번 계산을 하기 귀찮으므로 다음과 같이 편하게 생각하도록 하자. 3명 중에 한명을 툭! 치면 그 녀석이 앞으로 막 뛰어갈 것이다. 그럼 남아있는 두 명이 알아서 싸우고, 그중 승자가 앞으로 뛰어간 녀석을 따라가서 싸우게 된다고 말이다.
즉, 3명중 한명을 툭! 친다는 느낌으로 3가지라고 외워주자.

『그림 2』의 경우는 4명으로 대진표를 작성하면 되는데 정확한 표현은 ${}_4C_2 \times {}_2C_2 \times \frac{1}{2!}$ 로 계산을 하는 것이지만 이것 또한 역시 매번 하기 귀찮으므로 다음과 같은 생각을 하도록 하자. 4명 중에 한명이 자신이라고 생각하고 남아있는 3명 중에 한명을 툭! 치자!

그럼? 싸움이 일어난다는 얘기고 남아있는 두 명은 알아서 싸움을 시작한다. 이때 각각의 싸움에서 승자가 최종 승자를 가리기 위해 알아서 싸워준다고 말이다.
즉, 4명 중 한명이 자신이라고 생각한 다음 남아있는 3명 중에 한명을 고르는 느낌으로 3가지라고 외워주자.

결국 대진표는 그림 1, 2와 같이 최소단위의 경우 3가지라는 사실만 기억하면 복잡한 대진표라도 문제없이 빠르게 해결할 수 있다.

보기

다음 대진표를 작성하는 방법을 구해보자.

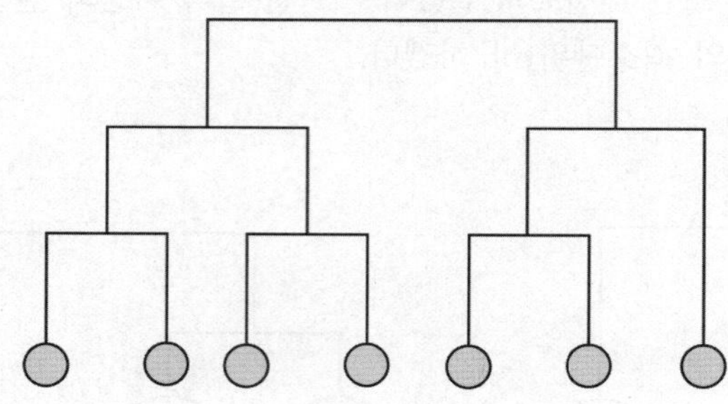

해설) 우선 7명을 크게 4명, 3명으로 분할을 해주자. ${}_7C_4 \times {}_3C_3 = 35$
그러면 대진표의 최소단위를 만나게 되고 각각 대진표를 작성하는 방법이 3가지라고 알고 있으므로 대진표를 작성하는 경우의 수는 $35 \times 3 \times 3$이다.

필수예제 01 조합의 계산

등식 ${}_{n+3}\mathrm{C}_4 = 7{}_n\mathrm{C}_2$ 를 만족하는 n 을 구하시오.

${}_9\mathrm{C}_{2n+1} = {}_9\mathrm{C}_{3n-2}$를 만족하는 n을 구하시오.

대치동 꿀팁

서로 다른 n개에서 r개를 선택하는 방법의 수는 ${}_n\mathrm{C}_r$이다. 계산 방법은 n부터 하나씩 줄여나가며 r개를 곱해주고 $r!$로 나눠주면 된다. ${}_6\mathrm{C}_3 = \frac{6\times5\times4}{3\times2\times1}$, ${}_4\mathrm{C}_4 = \frac{4\times3\times2\times1}{4\times3\times2\times1}$

또한 C의 중요한 성질인 ${}_n\mathrm{C}_r = {}_n\mathrm{C}_{n-r}$을 이용해 더 편한 연산을 할 수 있다. ${}_8\mathrm{C}_5 = {}_8\mathrm{C}_3$

유제 01 다음 값을 구하여라.

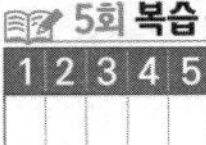

5회 복습 1 2 3 4 5

(1) ${}_{10}\mathrm{C}_1$　　(2) ${}_6\mathrm{C}_2$

(3) ${}_{50}\mathrm{C}_{49}$　　(4) ${}_{15}\mathrm{C}_{12}$

유제 02 다음 등식을 만족하는 n의 값을 구하여라.

5회 복습 1 2 3 4 5

(1) ${}_{n+2}\mathrm{C}_4 = 11 \cdot {}_n\mathrm{C}_2$

(2) ${}_n\mathrm{P}_2 + 4 \cdot {}_n\mathrm{C}_2 = 60$

(3) ${}_{10}\mathrm{C}_{n+2} = {}_{10}\mathrm{C}_{2n+2}$

유제 03 두 식 ${}_x\mathrm{P}_y = 272$, ${}_x\mathrm{C}_y = 136$을 동시에 만족하는 x, y의 합 $x+y$의 값을 구하시오.

5회 복습 1 2 3 4 5

필수예제 02 여러 가지 조합

남자 4명, 여자 6명 중에서 남자 2명, 여자 3명을 뽑는 방법은 몇 가지인지 구하시오.

효진이네 가족은 할아버지를 포함하여 모두 10명이다. 10명 중에서 4명이 퀴즈 대회에 출전할 때, 효진이는 출전하고, 할아버지는 출전하지 않을 경우의 수를 구하여라.

남자 6명, 여자 4명 중에서 4명의 위원을 뽑을 때, 여자를 적어도 1명 뽑는 방법의 수를 구하여라.

대치동 꿀팁 서로 다른 n개에서 r개를 선택하는 방법의 수는 ${}_n\mathrm{C}_r$이다. 이때, 특정한 원소를 포함하도록 선택하는 방법은 그 원소를 먼저 뽑았다고 생각하고 남아있는 원소들 중에 더 필요한 개수만큼을 추가로 선택해 주면 되겠다. 반대로 특정한 원소를 포함하지 않으려면 그 원소를 문제에서 삭제하고 남은 원소들 중 필요한 개수만큼을 선택해 주도록 하자.

1부터 9까지의 숫자 중 서로 다른 두 수를 뽑을 때, 뽑힌 두 수의 합이 짝수인 경우의 수를 구하여라.

15명의 육상부 학생 중에서 학교 대표 계주 선수 4명을 뽑으려고 한다. 교내 달리기 대회에서 우승한 2명의 육상부 학생이 선발되는 경우의 수를 a, 선발되지 않는 경우의 수를 b 라 할 때, $b-a$의 값을 구하여라.

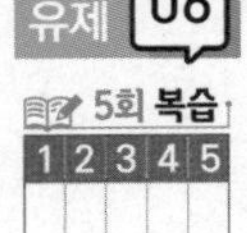

서로 다른 검은색 볼펜 6개, 파란색 볼펜 4개가 들어 있는 주머니에서 3개의 볼펜을 선택할 때, 검은색 볼펜과 파란색 볼펜이 반드시 한 개 이상씩 들어 있는 경우의 수를 구하시오.

필수예제 03 뽑아서 나열

남자 5명, 여자 4명 중에서 남자 3명, 여자 2명을 뽑아서 일렬로 세우는 방법은 모두 몇 가지인지 구하시오.

대치동 꿀팁 조합을 배우고 나면 항상 줄을 세우기 전에 필요한 만큼을 조합을 통해 뽑아놓는 작업을 먼저 진행하면 좋다.(말하지 않아도 자연스럽게 진행하게 될 것이다.) 그렇게 뽑아놓은 재료들을 문제에 맞게 나열해 주면 되겠다.

유제 07 서로 다른 5권의 소설책과 4권의 수필집이 있다. 이 중에서 3권의 소설책과 2권의 수필집을 뽑아 일렬로 책꽂이에 꽂는 방법의 수를 구하시오.

5회 복습

1	2	3	4	5

유제 08 남녀 합해서 8명의 학생이 있다. 이 중에서 2명의 위원을 뽑는데, 여학생이 적어도 한 명 포함되도록 뽑는 방법이 18가지일 때, 남학생은 모두 몇 명인지 구하여라.

5회 복습

1	2	3	4	5

유제 09 남학생 5명, 여학생 4명 중에서 남학생 3명, 여학생 2명을 뽑아서 다음 방법으로 앉힐 때, 남학생 대표 김 군과 여학생 대표 박 양은 반드시 포함되고, 서로 이웃하게 일렬로 앉히는 경우의 수를 구하시오.

5회 복습

1	2	3	4	5

필수예제 04 직선의 개수

다음 그림과 같이 반원 위에 10개의 점이 있다. 이 중에 두 점을 이어서 만들 수 있는 직선의 개수는 몇 개인지 구하시오.

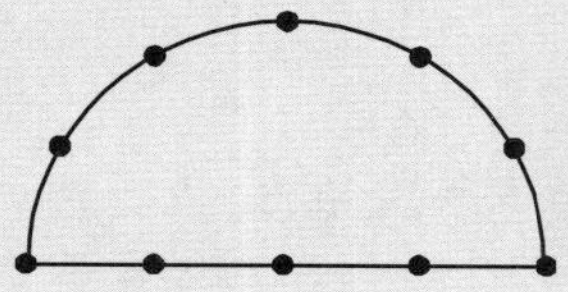

정 8각형의 대각선의 개수를 구하시오.

대치동 꿀팁 점을 연결해 직선의 개수를 셀 때는 직선을 만들기 위해 필요한 점이 서로 다른 2개라는 것을 생각해야 한다. 서로 다른 점이 2개 결정되면 그에 따라 직선이 유일하게 1개 결정되므로 서로 다른 n개의 점을 연결해 만들 수 있는 전체 직선의 개수는 ${}_{n}C_{2}$이다. 만약 서로 다른 n개의 점들 중 어느 세 점도 일직선상에 존재하지 않다면 상관없지만 일직선상에 점들이 여러 개 존재할 경우 중복이 발생하기 때문에 일직선상의 점들을 이용해 만든 직선은 모두 제거해야 한다. 무작정 제거만 해선 안되고 제거한 다음에는 한 개를 추가해 주면서 중복이 발생했지만 그래도 한 개의 직선은 만들어진다는 사실을 적용해야 한다.

유제 10 5회 복습 1 2 3 4 5

오른쪽 그림과 같이 반원 위에 9개의 점이 있다. 이 중에 두 점을 이어서 만들 수 있는 직선의 개수는 몇 개인지 구하시오.

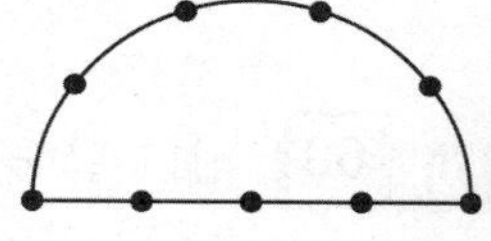

유제 11

대각선이 27개인 볼록 n각형의 꼭짓점의 개수를 구하여라.

유제 12

오른쪽 그림과 같이 평행한 두 직선 위에 8개의 점이 있다. 이때 주어진 점을 연결하여 만들 수 있는 서로 다른 직선의 개수를 구하여라.

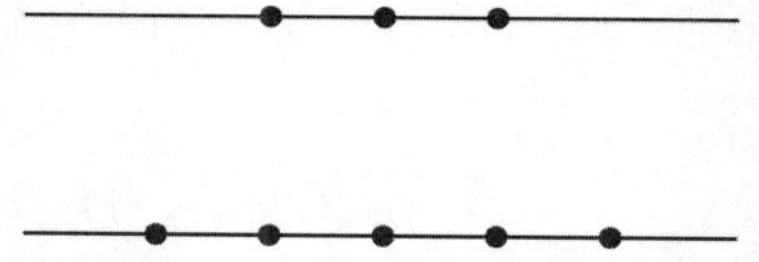

필수예제 05 삼각형의 개수

오른쪽 그림과 같이 반원 위에 10개의 점이 있다. 이 중 세 점을 꼭짓점으로 하는 삼각형은 모두 몇 개인지 구하시오.

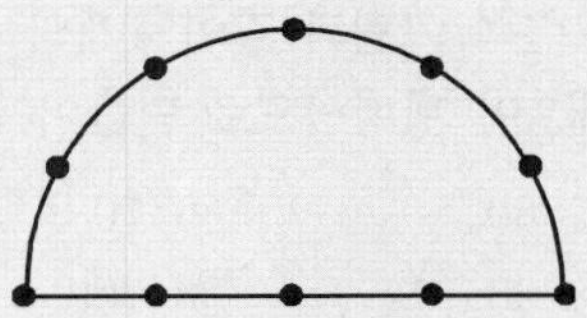

대치동 꿀팁 점을 연결해 삼각형의 개수를 셀 때는 삼각형을 만들기 위해 필요한 점이 서로 다른 3개라는 것을 생각해야 한다. 서로 다른 점이 3개 결정되면 그에 따라 삼각형이 유일하게 1개 결정되므로 서로 다른 n개의 점을 연결해 만들 수 있는 전체 삼각형의 개수는 ${}_nC_3$이다. 만약 서로 다른 n개의 점들 중 어느 세 점도 일직선상에 존재하지 않는다면 상관없지만 일직선상의 세 점으로는 삼각형이 만들어질 수 없기 때문에 일직선상의 점들을 이용해 만든 삼각형은 모두 제거해야 한다.

유제 13 5회 복습 1 2 3 4 5

다음 그림과 같은 직사각형 위의 8개의 점 중 서로 다른 세 점을 이어서 만들 수 있는 삼각형의 개수를 구하여라.

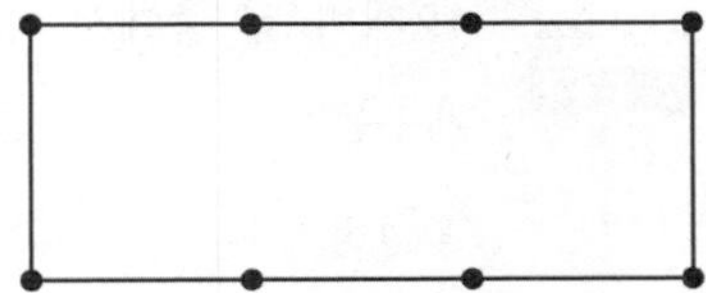

유제 14 5회 복습 1 2 3 4 5

오른쪽 그림과 같은 별 모양의 도형 위에 10개의 점이 있다. 이 중 세 점을 꼭짓점으로 하는 삼각형은 모두 몇 개인지 구하시오.

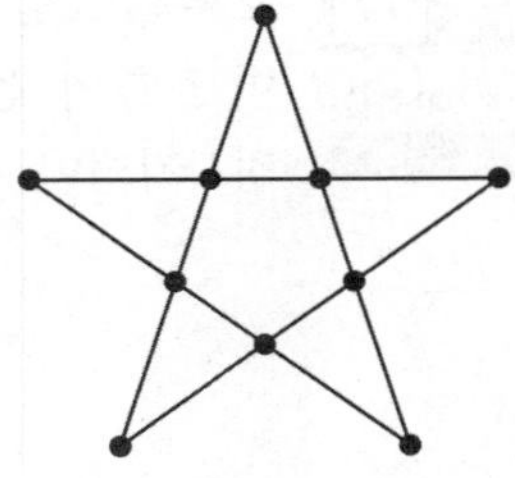

유제 15 5회 복습 1 2 3 4 5

오른쪽 그림과 같이 같은 간격으로 놓인 9개의 점 중에서 3개의 점을 연결하여 만들 수 있는 삼각형의 개수는?

① 64 ② 68 ③ 72
④ 76 ⑤ 80

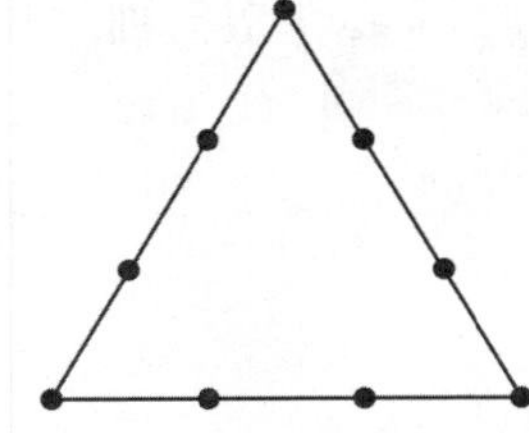

필수예제 06 사각형의 개수

오른쪽 그림과 같이 4개의 평행선과 5개의 평행선이 서로 만날 때, 이 평행선으로 만들어지는 평행사변형의 개수는?

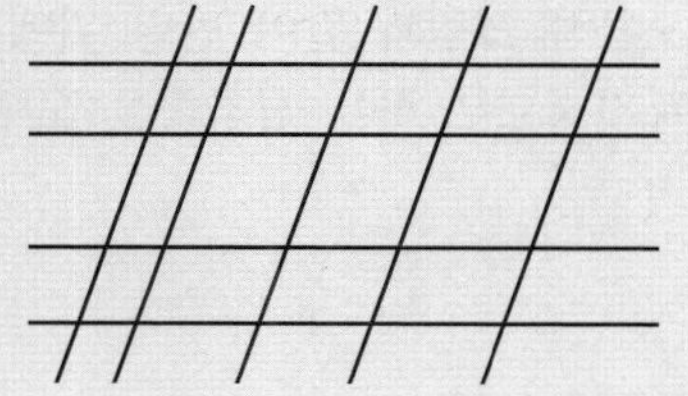

① 60 ② 70 ③ 80
④ 90 ⑤ 100

대치동 꿀팁 여러 개의 평행선들로 만들 수 있는 평행사변형의 개수는 평행한 가로선 2개와 평행한 세로선 2개가 필요하다는 것을 생각해야 한다. 만약 평행한 가로선 m개와 평행한 세로선 n개가 있다면 이 평행선들로 만들 수 있는 평행사변형의 개수는 ${}_mC_2 \times {}_nC_2$이다.

유제 16 5회 복습 1 2 3 4 5

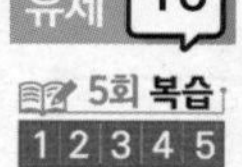

오른쪽 그림과 같이 12개의 점이 일정한 간격으로 놓여 있다. 12개의 점 중에서 네 점을 택하여 만들 수 있는 직사각형의 개수는?

① 18 ② 20 ③ 22
④ 24 ⑤ 26

유제 17 5회 복습 1 2 3 4 5

오른쪽 그림은 9개의 정사각형으로 이루어진 도형이다. 이 도형의 선으로 만들 수 있는 사각형 중에서 정사각형이 아닌 직사각형의 개수를 구하여라.

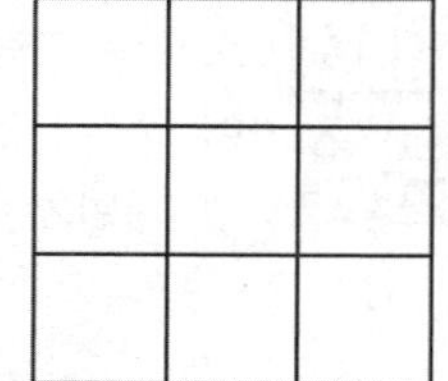

유제 18 5회 복습 1 2 3 4 5

오른쪽 그림과 같이 원 위에 8개의 점이 같은 간격으로 놓여 있을 때, 이 중에서 네 점을 꼭짓점으로 하는 사각형의 개수는?

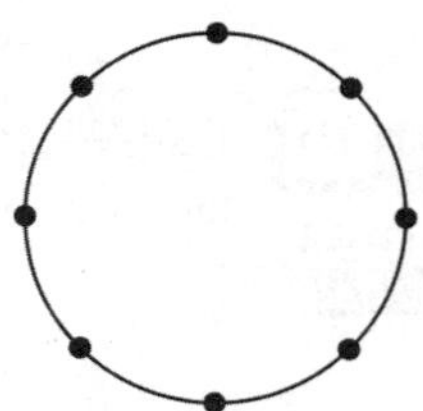

① 64 ② 70 ③ 72
④ 80 ⑤ 96

필수예제 07 함수의 개수

집합 $X=\{1,\ 2,\ 3\}$에서 집합 $Y=\{4,\ 5,\ 6,\ 7\}$ 로의 함수 f 중에서 다음 조건을 만족시키는 함수의 개수를 구하여라.

(1) $x_1 \neq x_2$ 이면 $f(x_1) \neq f(x_2)$

(2) $x_1 < x_2$ 이면 $f(x_1) < f(x_2)$

집합 $X=\{1,\ 2,\ 3\}$에서 $Y=\{1,\ 2,\ 3,\ 4,\ 5\}$로의 함수 중에서 $f(1)<f(2)\leq f(3)$을 만족시키는 함수 f의 개수를 구하시오.

대치동 꿀팁

함수의 개수를 구할 때 증가 또는 감소의 개념이 들어가면 조합을 이용해 구해야 한다. $x_1 < x_2$이면 $f(x_1)<f(x_2)$를 만족하는 함수를 증가함수라고 하고, $x_1 < x_2$이면 $f(x_1)>f(x_2)$를 만족하는 함수를 감소함수라고 한다. 이처럼 증가 또는 감소의 개념이 들어가면 정의역X의 각각의 원소에 인터뷰를 통해 함수의 개수를 구해서는 안된다. 해보면 결국 하나씩 함수를 구해야만 하는 노가다성 풀이를 진행하게 될 것이다. 이런 경우 조합을 이용해 화살을 맞을 함숫값(치역)을 선택해 주기만 하면 자동으로 증가 또는 감소함수의 개수가 구해진다. 또한 부등식 $a<b\leq c$의 의미는 $a<b<c$ 또는 $a<b=c$이라는 사실을 기억하도록 하자.

유제 19

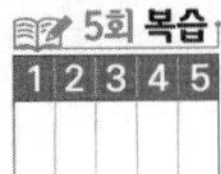

집합 $A=\{a,\ b,\ c\}$에서 집합 $B=\{1,\ 2,\ 3,\ 4,\ 5\}$로 가는 함수 f에 대하여 $f(a)<f(b)<f(c)$를 만족시키는 f의 개수를 구하여라.

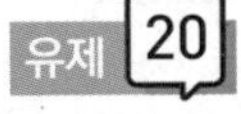

유제 20

집합 $X=\{1,\ 2,\ 3,\ 4\}$에서 $Y=\{1,\ 2,\ 3,\ 4,\ 5,\ 6\}$로의 함수 중에서 $f(1)<f(2)\leq f(3)<f(4)$을 만족시키는 함수 f의 개수를 구하시오.

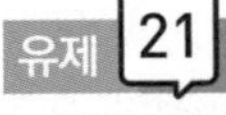

유제 21

5회 복습

두 집합 $A=\{1,\ 2,\ 3,\ 4,\ 5,\ 6\}$, $B=\{1,\ 2,\ 3,\ 4,\ 5,\ 6,\ 7\}$에 대하여 $a\in A,\ b\in A$이고 $a<b$이면 $f(a)<f(b)$를 만족시키는 함수 $f: A\rightarrow B$ 중에서 $f(2)+f(4)=8$를 만족시키는 함수 f의 개수를 구하여라.

필수예제 08 분할 분배

수련회를 간 8명의 학생을 2, 3, 3명의 조로 나누어 서로 다른 방에 배정하는 방법의 수를 구하시오.

9명의 학생이 다음 그림과 같은 토너먼트 방식으로 시합을 할 때, 대진표를 작성하는 방법의 수를 구하시오.

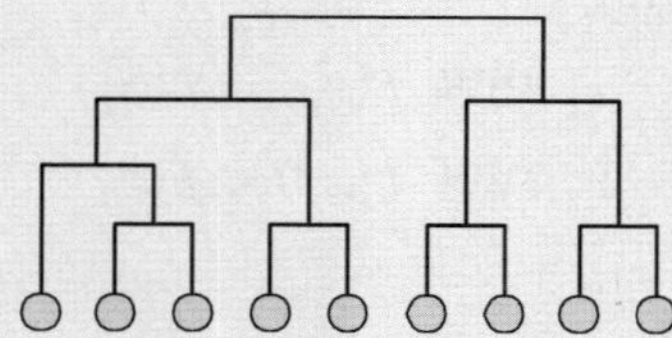

대치동 꿀팁 10명을 5명, 3명, 2명으로 분할하는 방법은 ${}_{10}C_5 \times {}_5C_3 \times {}_2C_2$이다. 하지만 10명을 4명, 4명, 2명으로 분할하는 방법은 ${}_{10}C_4 \times {}_6C_4 \times {}_2C_2$라고 하면 안된다. 2그룹의 인원수가 같은 경우는 중복이 발생하기 때문에 ${}_{10}C_4 \times {}_6C_4 \times {}_2C_2 \times \frac{1}{2!}$로 계산해야 한다. 마찬가지로 12명을 4명, 4명, 4명으로 분할하는 방법은 ${}_{12}C_4 \times {}_8C_4 \times {}_4C_4 \times \frac{1}{3!}$이다.

유제 22 7명의 외교관을 2명, 2명, 3명으로 나누어 A, B, C 세 나라에 파견하는 방법의 수는?

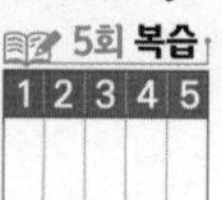

① 105 ② 210 ③ 315 ④ 630 ⑤ 1260

유제 23 오른쪽 그림은 어느 고등학교 2학년 7개 학급에 참가한 줄다리기 대회의 대진표이다. 이 대진표를 작성하는 방법의 수를 구하여라.

5회 복습 1 2 3 4 5

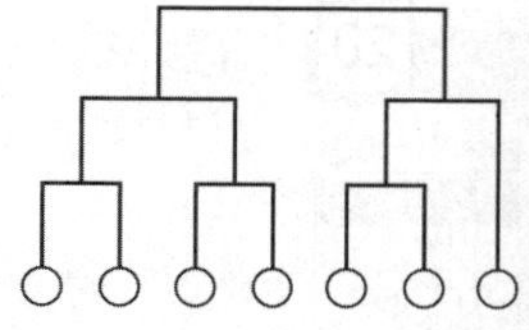

유제 24 A역에서 출발한 열차는 중간 정차역 B, C, D, E를 차례로 경유하여 종착역 F에 도착한다. A역에서 선회를 포함한 6명이 열차에 탑승하였는데 종착역에 도착하기 전에 2개의 정차역으로 나누어 6명이 모두 내리는 경우의 수를 구하여라.

5회 복습 1 2 3 4 5

내신기출 맛보기

정답 및 해설 72p

01 2021년 압구정고 기출 변형 ★★☆

11개의 알파벳 G, A, M, S, U, N, G, M, A, T, H에서 서로 다른 자음 2개, 서로 다른 모음 2개를 골라서 자음과 모음이 교대로 나오도록 나열하는 경우의 수를 구하시오.

02 2021년 중산고 기출 변형 ★★☆

세 자연수 a, b, c의 곱 abc가 짝수인 모든 순서쌍 (a, b, c)의 개수를 구하시오.
(단, $0 < a < b < c \leq 10$)

03 2021년 휘문고 기출 변형 ★★☆

부등식 $1 \leq a \leq b < 6$을 만족시키는 두 자연수 a, b의 모든 순서쌍 (a, b)의 개수를 구하시오.

04 2021년 개포고 기출 변형 ★★★

서로 다른 종류의 볼펜 3개와 같은 종류의 지우개 2개를 4명의 학생에게 남김없이 나누어 주려고 한다. 아무것도 받지 못하는 학생이 없도록 볼펜과 지우개를 나누어 주는 경우의 수를 구하시오.

05 2020년 경기고 기출 변형 ★★☆

6명이 A, B, C 세 대의 차에 나누어 타는 방법의 수를 구하시오. (단, 각 차는 3인승이며 빈차는 없다.)

06 2020년 휘문고 기출 변형 ★★☆

남학생 4명과 여학생 n명 중 회장 1명, 부회장 1명을 뽑을 때, 적어도 한 명은 남학생을 뽑는 경우의 수가 44이다. 2이상의 자연수 n의 값을 구하시오.

07 2021년 중동고 기출 변형 ★★★

집합 $X=\{1, 2, 3, 4\}$에 대하여 X에서 X로의 함수 f 중에서 다음 조건을 만족시키는 함수 f의 개수를 구하시오.

(가) 집합 X의 임의의 두 원소 x_1, x_2에 대하여 $x_1 < x_2$ 이면 $f(x_1) \leq f(x_2)$이다.
(나) $f(1)$, $f(3)$의 값은 짝수이다.

08 2020년 숙명여고 기출 변형 ★★☆

부모님 2명을 포함한 가족 6명이 일렬로 줄을 설 때, 항상 아버지가 어머니보다 앞에 오도록 서는 모든 경우의 수를 구하시오.